一分钟修大片

Adobe Camera Raw 后期处理实战精解

陈建强 著

人 民 邮 电 出 版 社
北 京

图书在版编目（CIP）数据

Photoshop后期强. 一分钟修大片 : Adobe Camera Raw后期处理实战精解 / 陈建强著. -- 北京 : 人民邮电出版社, 2018.8
ISBN 978-7-115-48245-7

Ⅰ. ①P… Ⅱ. ①陈… Ⅲ. ①图象处理软件 Ⅳ. ①TP391.413

中国版本图书馆CIP数据核字(2018)第075778号

内 容 提 要

陈建强是国内知名的数码摄影后期专家，曾经获得国内外摄影奖项 2000 余个。他根据自己多年来摄影创作和教学经验编写了“Photoshop 后期强”系列数码摄影后期教程。本套图书使用大量案例讲解 Photoshop 的使用方法，作者将自己的创作思路进行讲解，使读者能够知其然，更知其所以然。作者不是简单地将 Photoshop 作为修图的工具，而是将其作为摄影后期创作的手段。

Adobe Camera Raw 是 Photoshop 的一款插件，它的功能越来越强大，摄影作品几乎 90% 的后期调整工作都可以通过 ACR 完成。本书共有 29 章，主要讲解针对 RAW 格式文件在 Adobe Camera Raw 软件中进行优化和修饰的技法。包括 RAW 的基础调整、各种常见图片的深度剖析，以及运用图层智能对象控制图像细节、品质与影调等技巧，还介绍了照片预设及批处理的技术要点。

在介绍了 ACR 的基础知识后，作者将更多的后期处理技巧融入 70 余个不同类型的案例中，读者只要处理完这些案例照片，就能掌握非常全面的 RAW 格式文件调整核心技术。

本书适合摄影爱好者和数码摄影后期初学者学习、参考。

◆ 著　　　　陈建强
责任编辑　胡　岩
责任印制　周昇亮

◆ 人民邮电出版社出版发行　　北京市丰台区成寿寺路 11 号
邮编　100164　　电子邮件　315@ptpress.com.cn
网址　http://www.ptpress.com.cn
北京东方宝隆印刷有限公司印刷

◆ 开本：787×1092　1/16
印张：24.5　　　　2018 年 8 月第 1 版
字数：737 千字　　2018 年 8 月北京第 1 次印刷

定价：128.00 元

读者服务热线：(010)81055296　印装质量热线：(010)81055316
反盗版热线：(010)81055315
广告经营许可证：京东工商广登字 20170147 号

前言

摄影是一门遗憾的艺术，在拍摄现场有很多不可控的因素，往往导致拍摄的作品达不到预期的效果，但是通过合理的后期制作，可以将拍摄中的遗憾进行弥补，甚至化腐朽为神奇。正如摄影大师安塞尔·亚当斯（Ansel Adams）所说："拍摄是谱曲，后期是演奏"。好的曲子离不开好的演奏，好的拍摄也离不开好的后期。

在我20余年的摄影生涯中，一直在摄影艺术的光影峡谷中孜孜不倦地求索，积累了一些简单、实用、便捷的数码后期处理技法，其中不乏"独门绝技"。在摄影前后期的教学中，我总结了许多学员在学习中所遇到的各类问题，并教会大家如何去解决这些问题。这些年来，我一共培养了500多位中国摄影家协会会员，20多位全国摄影十佳摄影师。我想，这些教学成果离不开我的丰富的摄影前后期实战经验与简明易懂的教学方法。

在我自学的过程中，走了许多弯路，整个过程是艰辛与快乐并存的，我非常想将多年来摸索和总结的经验分享给更多的摄影爱好者。经过数百个日夜的奋战，我终于将潜心钻研的摄影与后期核心技术编写完成"Photoshop后期强"系列图书。

"Photoshop后期强"系列图书十分系统地讲解了数码摄影后期从基础到高级技巧的应用，是一部完整的数码摄影后期图书。书中涵盖了我的十大核心技术，主要针对摄影作品的影调与色彩艺术渲染、RAW照片专业处理、抠图与创意合成、摄影后期中的疑难杂症、摄影思维的拓展等方面进行深度剖析。能够让学员快速掌握数码影像品质控制与意境渲染等独门秘籍，帮助广大读者开拓摄影思维与提高艺术创作能力。"Photoshop后期强"系列图书的特点是简单易学，招招实用。

通过对本套图书的学习，读者将轻松地驾驭那些繁复的技巧，打造出属于你心目中的完美作品。在本套图书中，我为大家介绍的不仅是各种摄影与后期制作的过程、技巧和解决方案，更主要的是能够使读者通过书中案例的剖析，拓展摄影前后期创作的思维，帮助读者快速突破瓶颈，无论你是经验丰富的专家，还是刚刚入门的摄影爱好者，我希望这套图书能成为你踏上数码摄影后期创作道路的阶梯。

为了能够呈现给读者更好的内容，本书经过反复修改，虽然竭尽全力，但作者编写水平有限，书中难免存在错误与不足，欢迎广大读者批评指正。

陈建强

资源下载说明

本书附赠"附：Adobe Camera Raw 10.3更新方法与新功能使用详解"电子书以及后期处理案例的相关文件，扫描"资源下载"二维码，关注我们的微信公众号，即可获得下载方式。资源下载过程中如有疑问，可通过在线客服或客服电话与我们联系。

扫一扫 学摄影

客服邮箱：songyuanyuan@ptpress.com.cn

客服电话：010—81055293

序

打造摄影精品的“及时雨”

当今的中国堪称世界第一摄影大国，少说也有数千万的摄影发烧友。其中，许多人都从玩照相走入拍作品，力图创作精品。陈建强先生的“Photoshop 后期强”系列图书的出版，给摄影百花园洒下了一场“及时雨”，它能满足广大摄影爱好者的许多要求。

时常听人说：“摄影关键靠机遇，一不留神就能得个大奖”，仿佛只要快门咔嚓一响，摄影创作就很容易地被搞定了，其实这是个误解。摄影精品的产生并非一日之功，而是厚积薄发的结果。概括来说，需要摄影家深入生活、发现题材，构思立意、提炼主题，还要从内容出发、调动（前、后期）技巧，从而才能达到精湛呈现的效果。陈建强先生的这一系列图书中，是他对自己 20 多年呕心沥血和载誉四海的获奖力作的经验总结，给我们生动地揭示了摄影精品诞生的奥秘，其中既有破格创新的理念、构思立意的心路，又有如何创造性运用技巧的秘方。本书最大的特色是求真务实、通俗易学，结合作品实践来讲述如何提高摄影创作的指导原则，以及行之有效的创新手段。我从影已近 60 年，对摄影门道并不陌生，但读了本书后颇有“柳暗花明又一村”的新鲜感，感到受益匪浅，因此我把这本书推荐给各位朋友。

我非常欣赏陈建强先生与时俱进、开拓进取的精神，以及在数码时代运用数码技巧的积极态度。随着摄影 170 多年的发展、繁荣，当下的摄影趋向多元并进，并且分类越来越细，从而形成各类独有的游戏规则，如新闻纪实决不允许虚构图像，艺术创意可以主观加工，观念摄影追求天马行空、不拘一格……在遵循各类基本规则的前提下，数码摄影的技巧和手段无论是在前期拍摄，还是在后期润色、传播，都大有用武之地。陈建强先生擅长艺术摄影，所以他的构思创意、技法探索都不同于新闻纪实摄影的规范，对浪漫想象和影调画质有更自由、精湛的追求。他在阐述实例时经常对比拍摄的原图和最终的定稿。我们从中可以看到，由于他具有突破常规的美学追求和游刃有余的前、后期摄影技巧，因而绝大多数的作品在质量上“更上一层楼”。其中，有的突出“出人意料之外，合乎情理之中”的创意；有的达到“化平淡为神奇”的境界。有志于从事艺术摄影、新潮摄影的朋友可以从中感悟和借鉴他的奇思妙想，进而提升自己的创作本领。

众所周知，文艺创作中的形式和技巧均服务于主题立意。制作精品的核心任务是内涵创新，而陈建强先生却在“Photoshop 后期强”系列图书中用了较大的篇幅讲授 Photoshop 后期加工技法。为什么会这样呢？这是因为 Photoshop 数码图像处理是当今业余摄影爱好者的短板，为了给各位朋友补上这一课，他讲授的是各种 Photoshop 技法的掌握要领，但大家还应注意到，“Photoshop 后期强”系列图书在讲解 Photoshop 技法时也强调（Ansel Adams）前期拍摄和构思立意的重要性，甚至突出引用了美国摄影大师安塞尔・亚当斯的观点：底片拍摄是乐谱，暗房放大是演出。这句话鲜明地表示了没有乐谱作为基础，就无法演奏出打动人心的交响乐。有人说，陈氏摄影主要靠 Photoshop 后期制作。这不是无知，就是误解。

我认为，“Photoshop 后期强”系列图书并非单纯介绍 Photoshop 的技法，而是让各位道友懂得前、后期创作不可分割的密切关系。通过阅读“Photoshop 后期强”系列图书，我深深体会到，Photoshop 修图软件的各种工具并不难学，实际操作几天就可以掌握，而难的是，面对摄影素材，如何来弥补原图的缺陷和不足；按什么方向来改造原图，决策作品新的美学品位；用什么手法来注入作者的情感和画面的美感……这些有关艺术摄影的战略追求，都可以从陈建强的创作实例中得到启示和回答。

我与陈建强先生相识 25 年，他的思路和技法从不故步自封，时刻紧跟时代新潮，立志卓尔不群、为国争光。特别是近十多年，他佳作不断，获奖颇多，从跟潮流、追潮流，最后成为领潮数码摄影的实力派才俊，他的成绩来之不易。陈建强先生来自江西民间，没有殷实的经济基础和海外留学的深造机会，基本上是靠勤奋好学、埋头苦干而荣登国内外摄影舞台的。更难能可贵的是，他既有作品，又有教学理论，甚至有些观念和技法还融入了自己的创造，运用起来比传统经典教科书更快捷、方便。学艺世俗观念里有句老话：“教会了徒弟，就要饿死师傅。”但他对于自己的看家本领却并不保密，在著书立说中都公布于众，这种助人为乐的艺品很值得赞赏。

北京电影学院 教授
中国摄协金像奖评委 杨恩璞

目录

基础篇

目 录

08 高品质图像的起点 092

09 正确的修图流程 102

提高篇

10 不得不爱的滤镜 120

11 令人又爱又恨的暗角 132

目录

高级篇

目录

29 ACR 与 Photoshop 协同工作 386

基础篇

本章将介绍数码后期的必要性、数码后期的分类，以及为什么要使用 Adobe Camera Raw（缩写为 ACR）进行修片。

随着 ACR 软件的不断升级，其功能越来越强大，图像算法也越来越优秀，它对于特大光比的反差还原、局部影调色调的控制、特殊效果的艺术渲染及图片的批处理等都拥有强大的功能。以前，调整图片时是以在 Photoshop 中调整为主，而现在有了强大的 ACR 插件，随着其功能的不断提升与更新，在很多情况下，可以不直接进入 Photoshop 中进行调图，而是通过 ACR 这款插件进行大部分的图片修改，就能获得高品质并令人满意的艺术效果。

01 与时俱进学后期

1.1 后期的必要性

摄影作品为什么要有后期？这个问题始终困扰着一些初学者。其实，摄影不可缺少数码后期制作已经成为不可争辩的事实，无论哪位摄影大师的作品，都需要或多或少进行后期处理。

以下 5 个要点是“为什么摄影需要后期？”的标准答案。

（1）相机感光元件的动态范围问题。相机的 CCD 或 CMOS 不能像人眼一样看见大自然中光比十分强烈的情况下的高光和暗部的细节，要么只能拍到高光的层次，要么只能拍到暗部的细节，而不能同时将最大反差的画面都真实地还原。因此，对于大光比的题材，必须要通过后期调整来修复。

（2）色彩还原与表现问题。虽然数码相机的白平衡已经很到位，但是在特别的场合，想要进行颜色的准确还原，数码相机还是做不到，所以需要后期的调整来进行色彩的准确还原。除了准确的色彩还原外，还有色彩的表现问题，并不是准确的还原色彩就能得到创作者想要的艺术氛围，还有可能经过人为的色彩的偏移，做出一些清晰的、特别适合画面题材的色彩渲染。例如，冷色调表现忧伤、压抑的情绪；暖色调表现热烈的画面；低饱和复古色调表现怀旧的画面。这些都是相机无法做到的，都需要通过后期的调整。

（3）测光与曝光的问题。虽然数码相机的测光表已经很准确，但是在特定的场合，可能由于摄影者测光失误或经验不够，导致照片的曝光问题。因此，这些问题都需要经过后期的修改。即便曝光准确，也有可能需要摄影者合理地控制影调，改变画面的曝光，才能得到摄影者想要的艺术感染力。

（4）在拍摄过程中，难免有一些失误和缺陷，这些失误和缺陷都可以通过后期快速地弥补。

（5）为了增强作品的艺术氛围，创作者也需要通过后期的调整，使照片通过后期制作，具有更强的后期感染力。

后期的必要性

以上就是摄影需要后期的原因。著名的摄影大师安塞尔·亚当斯（Ansel Adams）说过，摄影是谱曲，后期是演奏，只有两者完美地结合，才能创作出一幅完美的作品。早在暗房后期时代，他就将后期看得如此重要。在当今的数码时代，后期远远比传统的暗房显得更加重要也更加易学。

1.2　后期的分类

现在来看一下后期调整的分类，通常后期调整分为三类。

（1）正常处理，包含亮度、对比度、饱和度、清晰度及消除瑕疵等对照片的正常处理，这样可以对照片进行适度的美化和提升，但制作过程中要确保画面真实、自然，做到化有形的 Photoshop 操作于无形之中，也就是说，要在制作后达到没有痕迹的境界，这种境界才是最高的境界，也是最难达到的。

正常的后期处理

（2）意境渲染，是指针对一些沙龙摄影或十分艺术化的摄影作品，需要进行一些意境的渲染。意境渲染要求以不改变照片的基本内容，不添加也不减少像素（即不能进行合成）为前提，对照片进行影调和色调的艺术渲染，以增强作品的艺术感染力。意境渲染和正常调整是摄影的主流方向，绝大多数的照片都只需要通过这两种形式的调整，就能达到创作者想要的艺术效果。

后期的意境渲染

（3）创意合成，通过移花接木的手法，运用抠图、通道、图层混合等技术，将多张不同的素材照片组合在一起，这种影像合成属于创意类的合成。

后期的创意合成

1.3 强大的 ACR

下面，通过实战案例的演示，让大家认识和感受 ACR 的强大。

在 ACR 中打开下面这张照片，要将照片制作成不同的效果，可以通过预设功能来快速实现图片的不同颜色、不同效果之间的转换。

打开示例照片

对这张照片进行处理，制作成复古低饱和度色调的效果，并制作成预设让其他照片套用。

制作为复古低饱和度效果

后续多张同类照片，可以一键同步处理为复古低饱和度效果，效率是非常高的。可以看到，通过预设功能，可以快速地将一幅图片或一批图片统一色调和影调。虽然在早期的版本中也能做到这一点，但由于现在的图像算法较早期的版本又有更强大的技术，因此应与时俱进，及时将软件更新到最新版本。

对所有照片直接套用预设

通过对 ACR 的认识，今后在 Photoshop 中调图的机会越来越少，因为在 ACR 中，这些工具都是集合在一起的。可能以前在 Photoshop 中调图要经过七八个步骤，但在 ACR 中，可能只需要一两步就能够制作出一张令人满意的照片，这是 Photoshop 望尘莫及的一些命令，因为这些集合的工具、折叠的菜单在运行时非常方便和快捷，而不像在 Photoshop 中需要使用很多个工具。这些工具组合在一起，因此拥有更加强大的功能，它除了不能对影像进行合成，进行非常细微、精确的选区选择外，能实现 Photoshop 大部分的功能，因此创作者需要多用 ACR，少用

Photoshop，因为在使用 ACR 的过程中，都是对原图 RAW 格式进行细节和色彩的提炼及还原。针对 RAW 格式处理图片，它的品质会更高。一张图片经过反复的调整，只会使细节丢失更多，特别是在 Photoshop 中，因为一张照片在 Photoshop 中已经不是原始格式了，而在 ACR 中总是在对 RAW 格式进行调整，因此它拥有更多细节。

同样是这组照片，先将照片都恢复原始状态并全选，对这组照片进行同样的亮度和色调修正。虽然在 Photoshop 中也能够运行动作做快速的处理，但不如在 ACR 中处理起来方便。

例如，要将这组照片做成复古油画色调，那么可以在全选状态下，批量修改亮度、对比度、清晰度、暗部、饱和度，包括控制画面整体的色温，可以看到，这组照片一起被修改了。通过这种方法，大大提高了工作效率，而且轻而易举地获得了统一的色调。

由于每张照片的亮度不同，因此只需在统一调整后针对某一张照片进行亮度的调整即可。

在 ACR 中不仅可以批量修改组照，还可以将修改后的色调存储为预设，这些功能都比在 Photoshop 中处理图片更加方便、快捷、易学，因此这是在当今的数码时代强烈推荐使用 ACR 调图的原因。

本书中不介绍照片的创意合成，而是以图片的正常调整及艺术渲染为主，如果大家对图像合成及 Photoshop 各种工具的深入应用和技巧的学习感兴趣，可以参考笔者的“Photoshop 后期强”系列图书，其中解决了摄影过程中遇到的各种疑难杂症，讲解了踏雪无痕的各种影像合成技巧。

在下面的课程中会对 ACR 进行十分全面和细致的讲解，讲解的内容都是通过一分钟或半分钟的操作使图片达到目标色调效果。

批量调整照片影调层次、细节与色彩

1.4 Bridge 的安装与 ACR 的更新

在 Adobe Photoshop 的生态链中，Bridge（缩写为 Br）工具是进行照片浏览与管理的专业软件。在 Photoshop CS4 等旧版本当中，Photoshop 是以套装形式出现的，安装该软件时会自带 Br 及 mimi Br 等套装软件，非常方便。

Br 的工作界面

后来更新版本的 Photoshop 不再以套装形式出现，彻底取消了 mini Br；并且用户如果还要使用 Br 对照片进行浏览和管理，就需要单独下载。

几年之前网络访问速度非常慢，要想在线安装 Photoshop 这类非常大的软件，几乎是不可能的事。所以在安装 Photoshop 这类较大的软件时，就需要用户在网络第三方网站或 Adobe 的官网上查找 Photoshop 等安装程序，下载后再进行安装。

当前网络访问速度已经非常快，大多数家庭及办公场所的网络访问速度都超过了 7MB/s。因此，在线安装 Adobe 软件就成了最佳的选择。于是，Adobe 公司推出了桌面应用程序 Adobe Creative Cloud，注册并登录该程序后，可以下载或在线安装所有的 Adobe 公司软件，对于摄影师来说，主要就是 Photoshop、Br 及 ACR 等。

如果用户尚没有安装软件，那么登录 Adobe Creative Cloud 后切换到“Apps”选项卡，就会看到软件试用的提醒，单击“试用”按钮就可以直接安装该软件。

如果已经安装软件，但版本比较旧，那么就可以单击“更新”按钮，对已安装的软件进行更新。

如果当前安装的软件已经是最新版本，那也可以看到提醒，就没有必要进行继续操作了。

Br 需要单独安装。而本书重点介绍的 ACR，则在安装 Photoshop 时就会同时安装完成。但 Photoshop 一般是每年升级一次版本，而 ACR 则需要根据一些相机厂商产品发布的情况及自身技术的发展，经常发布新的版本，所以这就需要用户经常打开 Adobe Creative Cloud，进行 ACR 的更新。

如果用户发现刚买的相机所拍摄的 RAW 格式原片无法在 Photoshop 中载入 ACR，那么很简单，只要升级 ACR 就可以了。

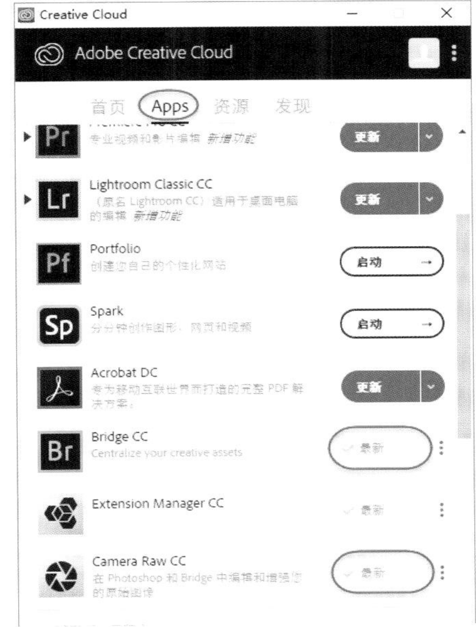

Adobe Creative Cloud 桌面图标　　Adobe Creative Cloud 启动后的界面

在安装或升级 Adobe 软件时，一定要注意一个重要问题：要注意软件的安装位置。最好不要将软件安装在 C 盘中，否则较长时间之后，会造成系统变慢，变得不稳定。

正确操作方式是打开 Adobe Creative Cloud 桌面程序右上角的下拉列表，在其中选择“首选项”，然后会打开“首选项”界面，在其中只要选择要安装的软件语言和安装位置就可以了。

选择“首选项”菜单项　　在首选项中设定安装的语言和安装位置

ACR是用来处理RAW格式的图片，那么为什么要增加处理TIFF格式与JPEG格式的选项呢？将图片处理完成，保存成TIFF或JPEG格式文件后，如果发现图片中还有一些不满意的地方，需要重新修改，那么就可以通过选项的设置，在ACR中打开TIFF或JPEG格式的图片，然后利用ACR强大的处理功能，对已经修改过的TIFF或JPEG格式图片进行一些微调和效果上的渲染。

02 用ACR处理TIFF与JPEG

2.1　在 ACR 中打开 TIFF 或 JPEG 格式照片

下面，介绍如何在 ACR 中打开 TIFF 与 JPEG 格式图片。

首先，在 ACR 中打开一张 RAW 格式图片，在工具栏中单击“打开首选项对话框”按钮，打开“Camera Raw 首选项”对话框，在其中可以看到“JPEG 和 TIFF 处理”选项组，默认情况下，其中的两个选项都是禁用的。

从 ACR 界面进入“Camera Raw 首选项”对话框

将“JPEG”项设置为“自动打开所有受支持的 JPEG”，将“TIFF”项设置为“自动打开所有受支持的 TIFF”，然后单击“确定”按钮。

于是，以后在 Photoshop 中打开 JPEG 和 TIFF 格式图片后，就会自动在 ACR 中打开。

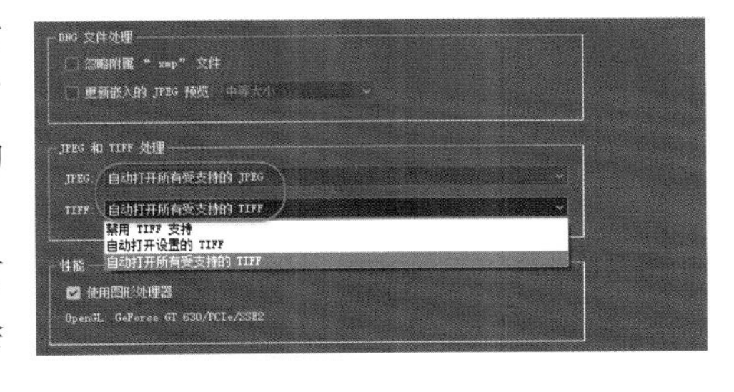

设定 ACR 自动打开 JPEG 和 TIFF 格式照片

同时选中准备好的 3 张素材图片文件，分别为 RAW、JPEG 和 TIFF 格式，拖入 Photoshop，这样即可同时在 ACR 中打开这 3 张不同格式的照片。

ACR 的工具都是集成在这几个简单的面板中，因此功能非常强大，使用非常便捷、快速，因此对于任何格式的图片，都应该在 ACR 中进行处理，这样才能大大提高工作效率。

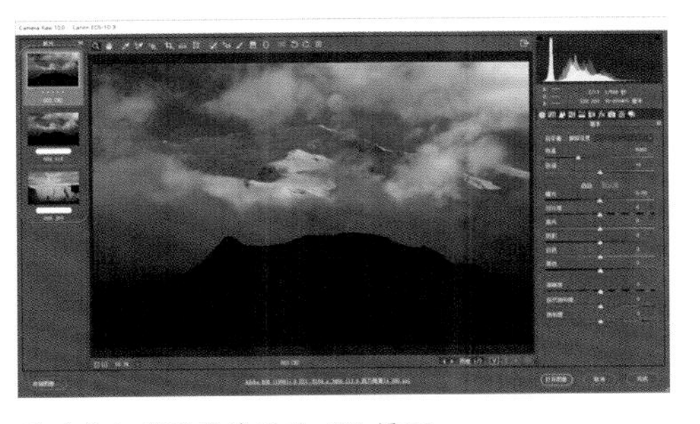

同时载入多张照片后的 ACR 界面

小提示

ACR 只能打开 3 种格式，分别为 RAW、JPEG 和 TIFF 格式，其他格式的图片只有转换成 JPEG 或 TIFF 格式，才能在 ACR 中打开。

2.2 不同格式照片的细节还原能力

虽然在 ACR 中能够处理 TIFF 与 JPEG 格式的图片，但并不意味着它能像处理 RAW 格式照片一样获得最好的细节，因为 TIFF 与 JPEG 格式照片都是处理过的或都不是图片最原始的格式，而只有 RAW 格式才是图片最原始的格式，它保留了图片中的所有细节、层次及色彩，拥有更大的宽容度。

在ACR中选择RAW格式图片,可以看到图片的暗部层次很少,只需要增加阴影，提亮黑色，可以看到，暗部的层次清晰可见，这就是 RAW 格式的宽容度大的原因，因此可以很轻松地还原细节。

RAW 格式文件：提高阴影和黑色值，可以恢复暗部细节层次

在 ACR 左侧的胶片窗格中，单击选中 TIFF 格式的照片，这张照片与 RAW 格式的照片是一样的，只是格式不同。可以看到，照片中的暗部很黑，如果要还原暗部的一些细节，那么几乎是不可能的。这里提亮“阴影”与“黑色”后，暗部仍死黑一片。

非 RAW 格式文件：提高阴影和黑色值，无法恢复暗部细节层次

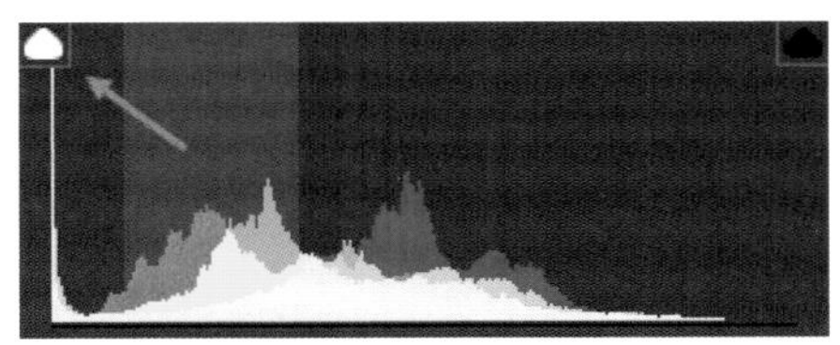
原照片直方图

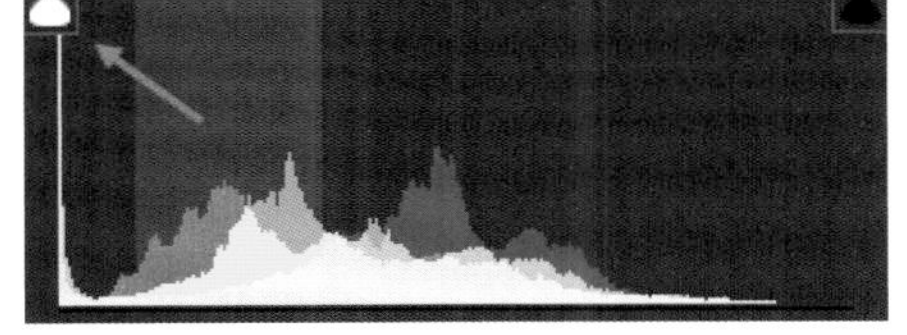
处理后照片直方图

从直方图来看，暗部溢出，其R、G、B值全为0，就代表画面最黑处已经“死黑”，暗部细节已经完全没有了。

在ACR左侧的胶片窗格中，选中JPEG格式照片，可以轻微调整一下相关参数，适当恢复画面的细节。

小提示

TIFF格式或JPEG格式，如果高光和暗部已经没有层次了，那么通过软件就不能修复了。所以无论何时何地，都应拍摄RAW格式照片，以确保图像的细节和品质。

JPEG格式照片，如果没有损失暗部细节，通过提亮阴影和黑色可以将其恢复

这张照片的暗部之所以能够追回细节，是因为这张原图的直方图暗部没有溢出的情况，说明暗部还是有细节的，所以才能够恢复。

原始JPEG照片的暗部状态

使用ACR对TIFF和JPEG格式的图片进行后期处理，虽然无法实现最好的细节还原，但由于ACR中的窗口和命令都是集合在一起的，能够大大加快处理效率，同时也能进一步保证图片的品质。所以，如果没有特殊情况，应该尽量使用ACR进行照片的后期处理。

色彩空间是指一张图片的颜色范围或色域的大小，色域越大，意味着色彩空间越大，也就意味着这张照片的色彩细节更为丰富。

在实际调整图片的过程中，每调整一步，图片就会损失一些细节，调整的步骤越多，给图片带来的损失也就越大，如果选择了较小的色彩空间去调整图片，那么它的损失会比色彩空间更大的色域带来的损失更多。因此，在制作图片之前，就应合理地选择色彩空间。

03 色彩空间的重要性

3.1 如何配置 ACR 的色彩空间

在 ACR 中打开下面这张照片，可以看到，在底部的状态栏中，可以选择图片的色彩空间和色彩深度。单击链接，可以打开“工作流程选项”对话框。

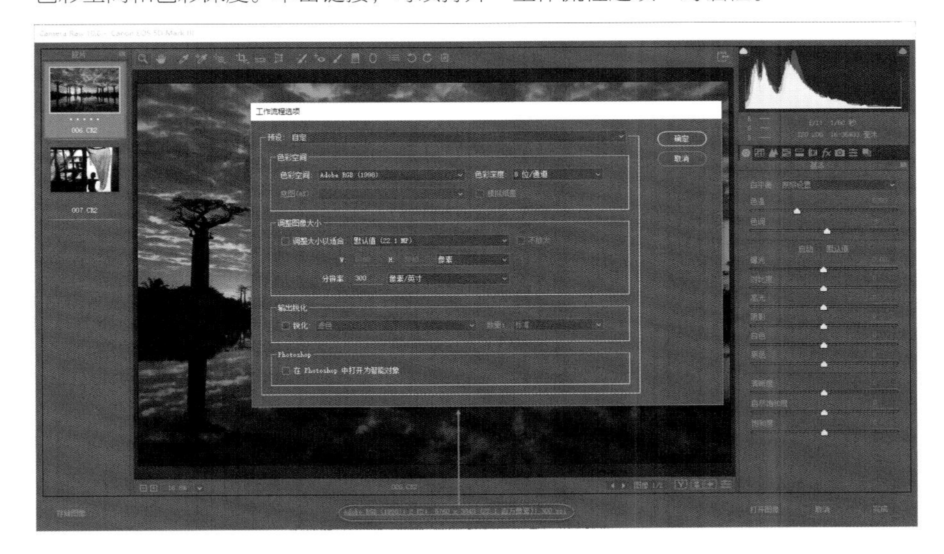

进入“工作流程选项”对话框

打开“色彩空间”下拉列表，在其中可以看到提供了很多色彩空间供我们选择。

我们会接触到的色彩空间大致有 3 种，第 1 种为 sRGB，这种色彩空间最为通用，显示器、网页浏览器，包括常用的显像设备都支持这种色彩空间；第 2 种常用的色彩空间是 Adobe RGB（1998），这个空间的色域显然会比 sRGB 更大，因为 sRGB 是一种通用的色彩空间，而 Adobe RGB 是提供给专业摄影或印刷等需要更广色域的专业用途，是不常用的；第 3 种色彩空间为 ProPhoto RGB，它的色域空间比 Adobe RGB 的还要大，是一种十分专业的色彩空间。

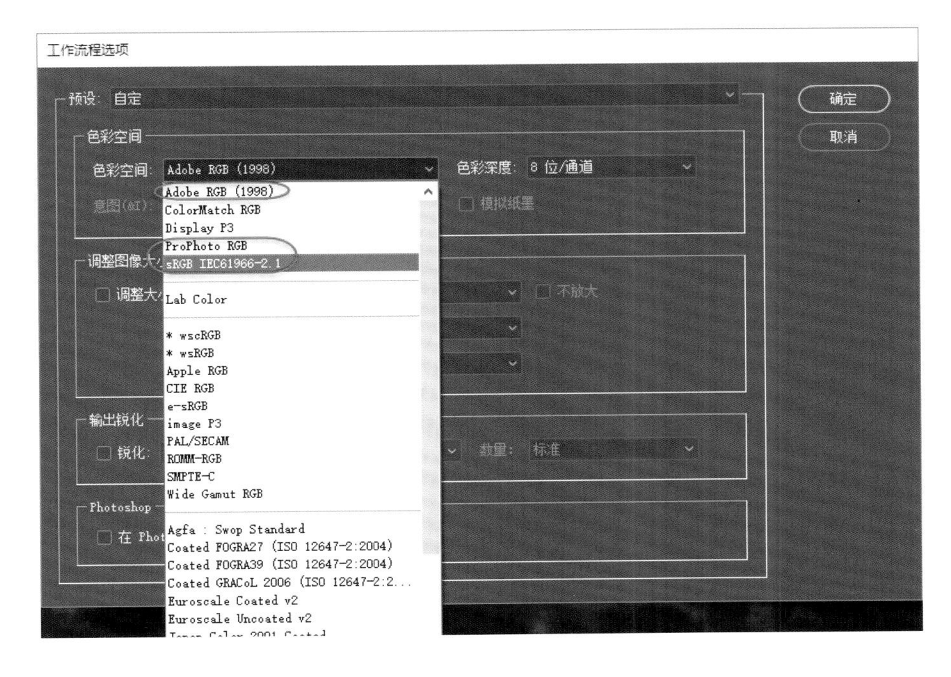

选择不同的色彩空间

3.2　Adobe RGB、sRGB 与 ProPhoto RGB 的差别

下面，看一下这 3 种色彩空间的不同之处。

在 ACR 界面的状态栏中，可以看到目前该照片的色彩空间为 Adobe RGB，在界面右上角的直方图中单击“高光修剪警告”按钮（加图标），可以看到，在画面中显示为红色的区域，其色域明显超出了印刷色域。也就是说，这部分区域溢出了。

配置为 Adobe RGB 时的高光色彩溢出警告

单击状态栏中的色彩空间链接，打开“工作流程选项”对话框，设置色彩空间为 sRGB。

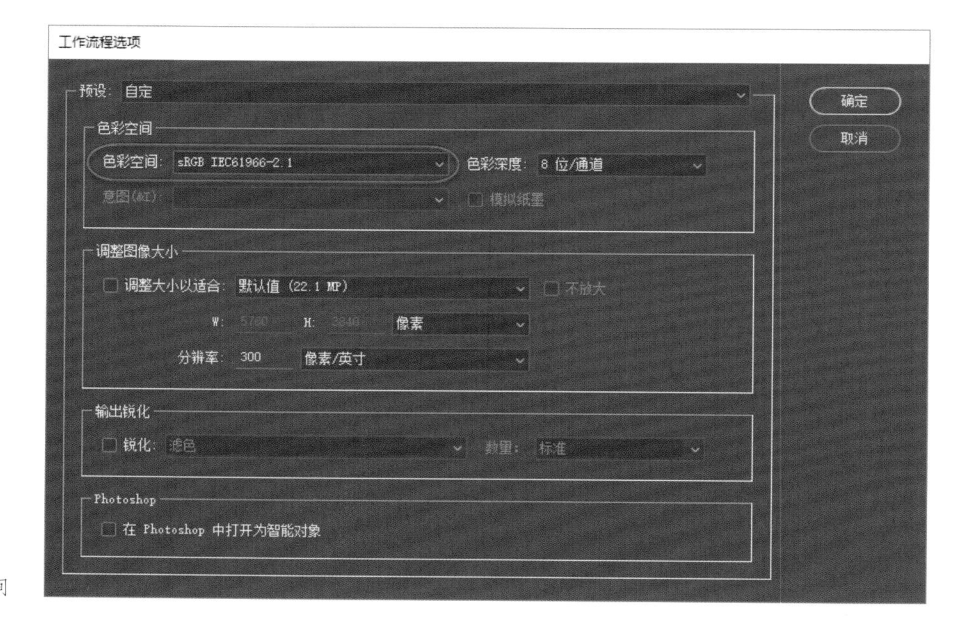

配置为 sRGB 色彩空间

查看图片，可以看到，溢出的面积更大了。由此可见，Adobe RGB 所能承受的色彩细节和色彩宽容度比 sRGB 更大。

配置为 sRGB 时的高光色彩溢出警告

在“工作流程选项”对话框设置色彩空间为 ProPhoto RGB，该色彩空间在 RGB 色彩空间中色域最大，在照片中可以看到，溢出面积更小了。

如果想要使图片的色彩空间更大，有更大的调整的宽容度，应该选择 ProPhoto RGB，这样在制作图片时它的色域会更广。当然，制作完成后，应将其转换为其他 RGB 色彩空间，因为浏览器、看图软件等都不能识别这种 RGB 色彩空间，如果将图片存储为这种色彩空间，那么通过看图软件或浏览器查看图片时的色彩是不准确的。

配置为 ProPhoto RGB 时的高光色彩溢出警告

3.3 认识色彩深度

下面，介绍一下色彩深度。色彩深度，一般来说都应选择 16 位，因为 16 位通道的色彩深度比 8 位通道的色彩深度拥有更多的细节。当然，肉眼是看不出差别的，但是选择 16 位通道色彩深度后，存储的图片大小会比 8 位通道色彩深度的图片大一倍，也就意味着这张图片的细节、层次更加丰富。如果用户对影像有着极高的要求，可以使用 16 位通道。

一般来说，在“工作流程选项”对话框中，只需要设置“色彩空间”和“色彩深度”这两个选项就可以了，其他选项可以保持默认。

16 位色彩深度在 Photoshop 中有很多功能是不支持的，如某些滤镜就不能应用，如果需要使用滤镜来渲染图像，可能就需要使用 8 位通道。这里设置为 16 位通道。

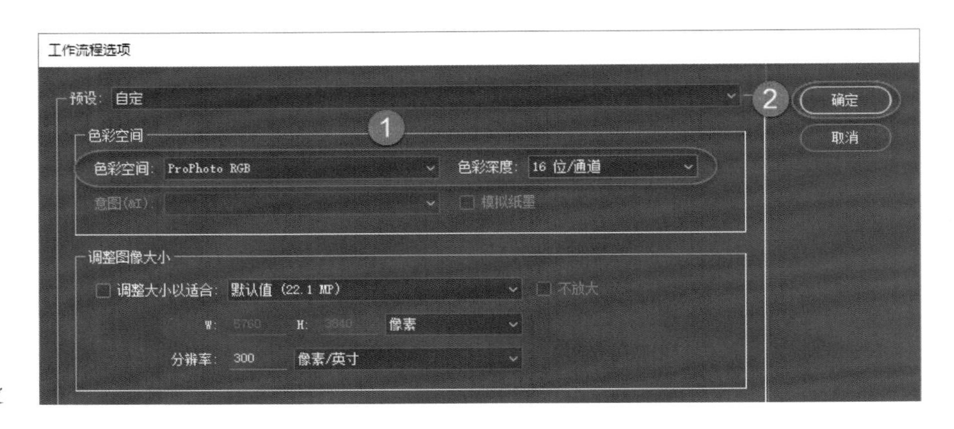

色彩空间与色彩深度设定

前面已经对色彩空间和色彩深度进行了一个简单的讲解，随后就要在 16 位通道和 ProPhoto RGB 的工作空间下对图片进行处理，因为它拥有更好的细节和更大的调整宽容度。

下面，在“基本”面板中调整参数，这张照片就调整完成了。

优化照片影调层次、细节与色彩

这种特殊的照片（如光比很大、色彩很丰富等），用户应该设置 ProPhoto RGB 的工作空间和 16 位色彩深度，使照片有更大的调整弹性和调整余地。

在左侧的胶片窗格中，单击切换到第 2 张照片，依然是设定为 ProPhoto RGB 与 16 位色彩深度。

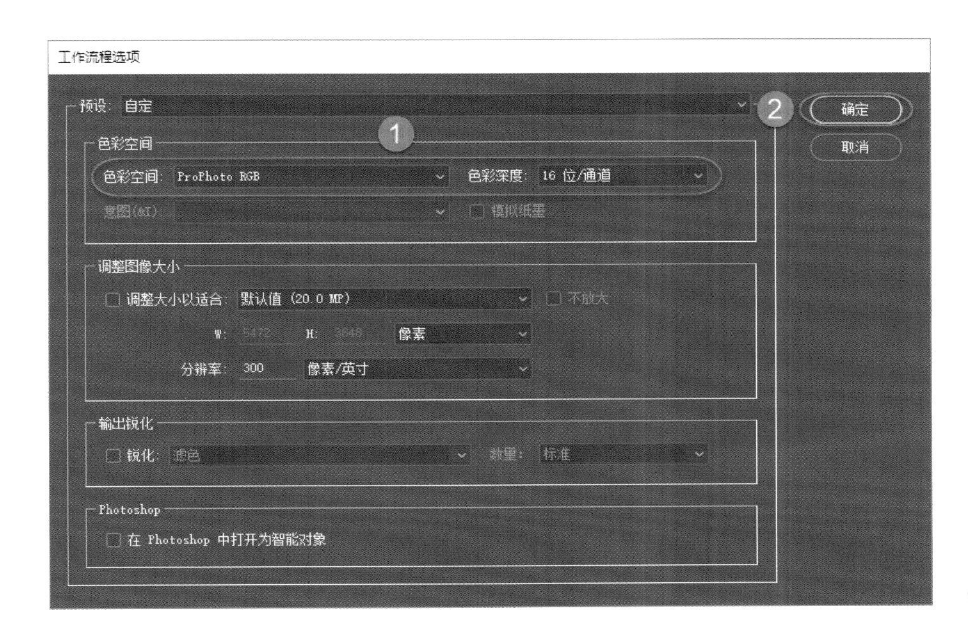

色彩空间与色彩深度设定

在“基本”面板中调整参数，将照片制作为单色效果。

优化照片影调层次、细节，饱和度降为 0

至此，这两张照片就制作完成了，但是这两张照片目前的色彩空间是ProPhoto RGB，如果要在Photoshop中进行处理，或者进行存储，那么都需要进行色彩空间的转换。

全选这两张照片，然后单击“打开图像”按钮，可以在Photoshop中将照片打开。

全选照片，打开图像

3.4 如何转换照片的色彩空间

在菜单栏中选择“编辑 | 转换为配置文件”选项，弹出“转换为配置文件”对话框，可以看到，提示原色彩空间为ProPhoto RGB，如果要将图片上传到网络或用于交流，那么都应该将其转换为sRGB色彩空间；如果用于印刷或高精度打印，那么应将其转换为Adobe RGB色彩空间。

单击“确定”按钮，这张照片的色彩空间就转换为兼容性更高的SRGB或Adobe RGB了，这时就可以存储照片了。这就是大家所说的色彩空间和色彩深度的简单理解和应用。

改变色彩空间的配置

3.5 本章总结

既然 sRGB 色彩空间的色域最小，为什么在输出照片之前，要将其转为这种色彩空间呢？这是因为，如果不转换，那么颜色会发生偏离；如果不转换，那么通过普通的看图软件查看图片，它一定是偏色的，上传到网络，它也会偏色，因此必须要转换。

处理照片过程中，对色彩空间的转换，是针对软件的。比如，将 ACR 的色彩空间由 sRGB 转为 Adobe RGB 或 ProPhoto RGB，都是如此。将照片处理完毕，输出之前，将色彩空间转为 sRGB，这才是对照片本身的色彩空间的配置。

在照片后期制作过程中，色彩的渲染与校正是比较复杂的环节，有较高的难度，所以会导致很多摄影爱好者制作的照片颜色不够准确，或颜色氛围没有达到想要的效果，从这个角度来说，人为色彩调整十分困难。

一张照片的颜色能够影响观者的情绪，影响照片中主体的立意，因此颜色的调整十分重要。下面，介绍色彩的一些原理和校色的技巧。

04 一键校正偏色

4.1 色彩的显示与还原

大家必须掌握一定的原理之后才能把握颜色调整的方向，这里所说的是色温的概念。正常的色温，即标准的、不偏色的色温，近似于白天的光线，它的色温接近于6500K，如果色温高于或低于这个数值，都会导致图片偏色。

人们日常所看见的白光，是由红色、绿色和蓝色光混合而成的，而且这3种光线的比例相同。如果红色、绿色和蓝色光线的比例不等，那么就会造成颜色的偏离。因此，早晚光线中的红色、绿色和蓝色光线的比例不相同，因此就会出现暖色；而白天的其他时段，光线中的红色、绿色和蓝色光线的比例相同，因此就会呈现出白光。白色光线照射下的物体，会吸收一部分颜色，同时也会反射一部分颜色，由于物体介质的不同，它所吸收和反射的程度也不同。例如，红色的花，吸收红色、绿色和蓝色的光线，而只反射红色的光线，因此，人们看到的花是红色的；绿色的草地，同样吸收了红色、绿色和蓝色的光线，而只反射绿色的光线，因此人们看到的草地是绿色的。理解了这个最基本的原理，才能知道颜色调整的方向。

那么黑色、白色、灰色吸收和反射光线的颜色是什么呢？例如，它们吸收同等比例的红色、绿色和蓝色的光线，同时也反射同等比例的红色、绿色和蓝色的光线，由于深浅不同，反射程度不同，因此人们看到的物体亮度就不同。

例如，黑色将大部分颜色的光线吸收了，因此人们看到的物体反射的光线颜色很少，看上去就比较暗；白色反射了光线中大部分的颜色，而只吸收了很少量的光线，因此人们看到浅色的物体就呈现出白色；灰色吸收和反射了各一半光线，因此人们看到的物体颜色就是灰色。

测光表是根据中灰（即18%的灰）原理进行测光的，而调整色彩是根据50%的灰进行色彩的还原。当光线达到最亮时，R、G、B值分别为255；当光线最暗时，R、G、B值分别为0；中灰基本上是R、G、B值分别为128左右的亮度值。如果在自然界中找到一个中灰的物体，或浅灰、深灰的物体，利用这些物体作为参照，去校准照片的色彩，那么就会很轻松。

4.2 ACR中白平衡工具的使用技巧

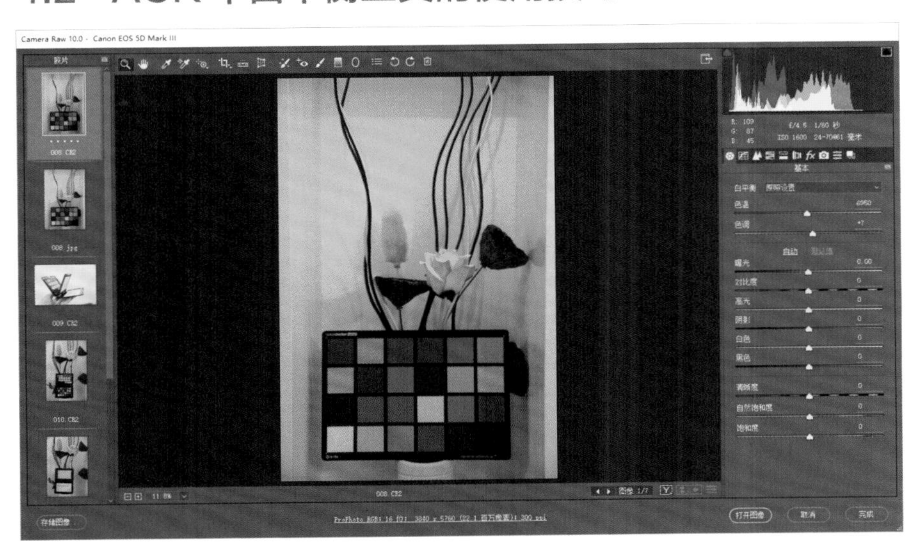

在ACR工具栏中，有一个“白平衡工具”，利用这个工具，在图片中找到灰色的区域并单击，就可以一键还原图片的色彩。

首先，在ACR中打开一张图片。

打开准备好的素材照片

选择工具栏中的“白平衡工具”，然后单击图片中色卡的灰色区域，这张图片的颜色就由偏黄色变为正常的色彩。

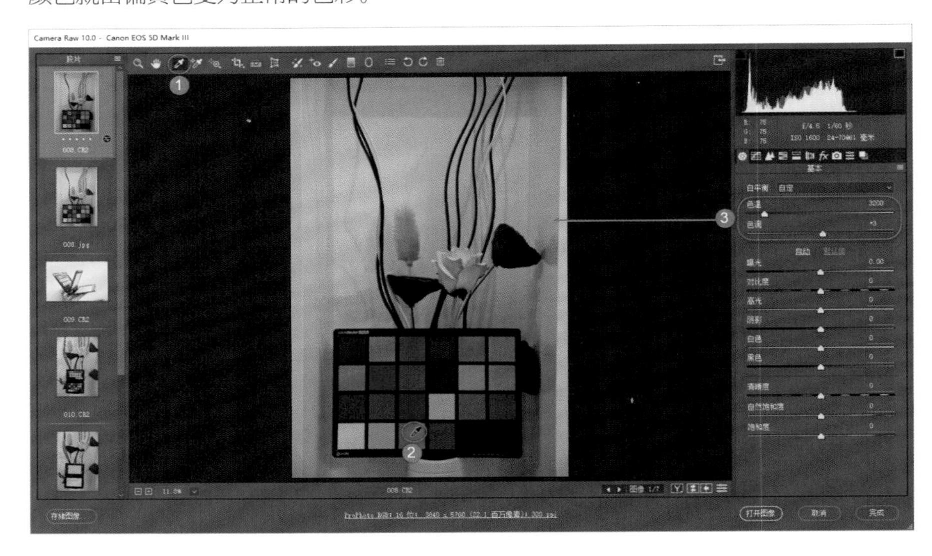

利用“白平衡工具”进行校色

下面，在“基本”面板中调整“曝光”，使图片符合摄影者拍摄时的光照效果就可以了。

微调照片整体影调层次

可以看到，通过“白平衡工具”单击灰色，就能够准确地校准色彩，这张图片中色卡的灰色是绝对标准的中性灰，在自然界中很难找到真正的灰色，如果没有色卡作为标准去调图，只能靠眼睛去判断灰色，有可能会有所偏差，因为大自然中的物体没有纯色，即没有纯黑、纯白、纯灰等色彩。

处理色彩要求十分严格的摄影照片，都应配上色卡在现场带着环境拍摄一张照片，然后后期处理时用“白平衡工具”单击灰色色块，于是图片就会得到准确的色彩还原。一般来说，如果在一个环境中拍摄了一批照片，那么只要拍摄一张灰卡照片即可，后期处理时打开所有照片，并将其全部选中，然后使用“白平衡工具”单击灰卡，于是所有照片就全部校准了颜色，然后再对照片进行亮度的微调即可。

利用“白平衡工具”批量校正照片色彩

4.3 色卡护照与 24 色标准色卡

这里使用的是 24 色标准色卡，但是这张色卡的面积过大，大概有 A4 纸那么大，携带很不方便，因此推荐另外一款色卡。

下图所示为色卡护照，它的大小近似于护照，因此携带很方便。

色卡护照

色彩护照是折叠的，其中有白平衡卡、24 色色卡，也有根据风光、人物的不同色温的灰度块，单击相应的色块，可以获得不同的偏色和正常色彩效果。

例如，使用"白平衡工具"单击 24 色色卡中的灰卡，同样可以得到颜色的还原。另外，还有一些自定义的设置，如针对人像、风光图片，是将其处理得偏暖一些还是偏冷一点，这里就不多做介绍。

批量处理图片，或者对图片色彩进行准确还原，都应该备一张色卡。

使用色卡护照中的 24 色色卡进行白平衡校色

4.4 JPEG 与 RAW 格式校色的差别

为什么一定要拍摄RAW格式照片呢?

因为 JPEG 格式是对图片有压缩的，这种压缩也包括色彩的一些叠加，处理颜色偏离比较大的JPEG照片，即便使用了色卡，也得不到十分准确的色彩还原。

例如右图"JPEG原片进行白平衡校正"所示，使用"白平衡工具"单击灰色色块后，画面仍然偏色。

RAW 格式进行白平衡校正

JPEG 原片进行白平衡校正

4.5 案例1：生活

如果没有色卡，应如何一键还原色彩呢？下面这张照片是在蓝色帐篷中拍摄的，由于受到蓝色环境光的影响，导致整个照片偏蓝色，但是在这个环境中没有拍摄色卡的照片，那么如何知道这张照片偏蓝色的程度呢？如果靠肉眼观察或经验判断，可能不太准确，因为很多摄影爱好者对色彩没有足够的经验，导致图片色彩越调越差。

切换到准备好的偏色的照片

那么使用“白平衡工具”如何去找到照片中的灰色区域呢？要真正查找照片中的黑、白、浅灰、深灰、中灰的区域，大家可以在日常生活中熟悉的物体上寻找，如头发是黑色的，编织袋是白色的，因此可以单击这些区域。

这里使用“白平衡工具”单击白色编织袋，可以看到，色彩马上得到还原。

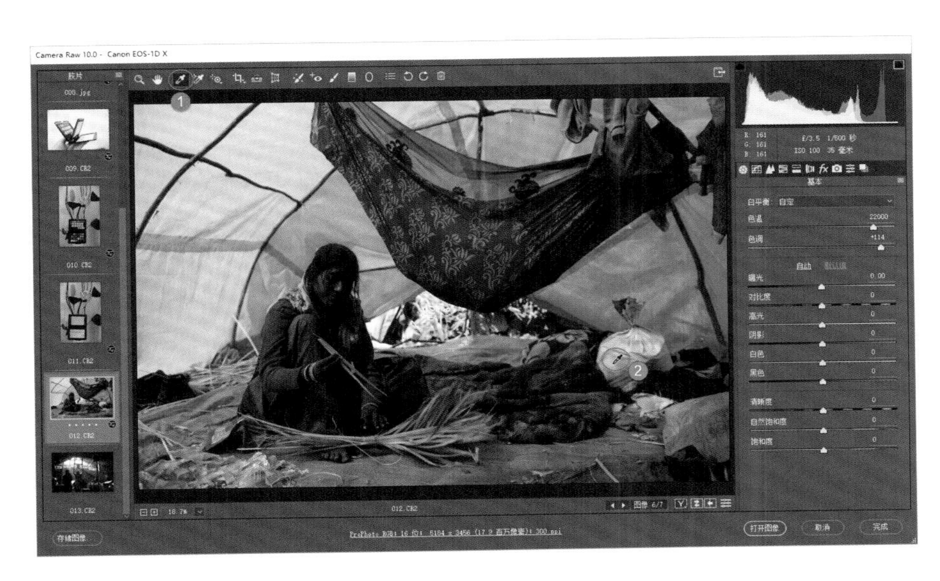

利用白色区域进行白平衡校正

或使用“白平衡工具”单击黑色的头发，色彩也可以得到还原。这就是利用中性灰的原理去调整偏色的图片。

中性灰的原理就在自然界中，黑白灰的物体都可以称为灰色，只不过亮度不同。在自然界中，黑白灰的物体是没有色相的，即没有颜色，如果能够找到黑白灰的物体，然后利用“白平衡工具”单击该物体，就能够校正偏色，这就是中性灰的最基本的原理。

黑白灰的物体本身是不具备色彩的，如果黑白灰的物体上有了颜色，那么就意味着图片偏色了。使用“白平衡工具”单击黑白灰物体，就能得到色彩的相对准确的还原。为什么说相对呢？大自然界中很少有真正的纯黑、纯白、纯灰的不带颜色的黑白灰物体，因此只能大致参考。

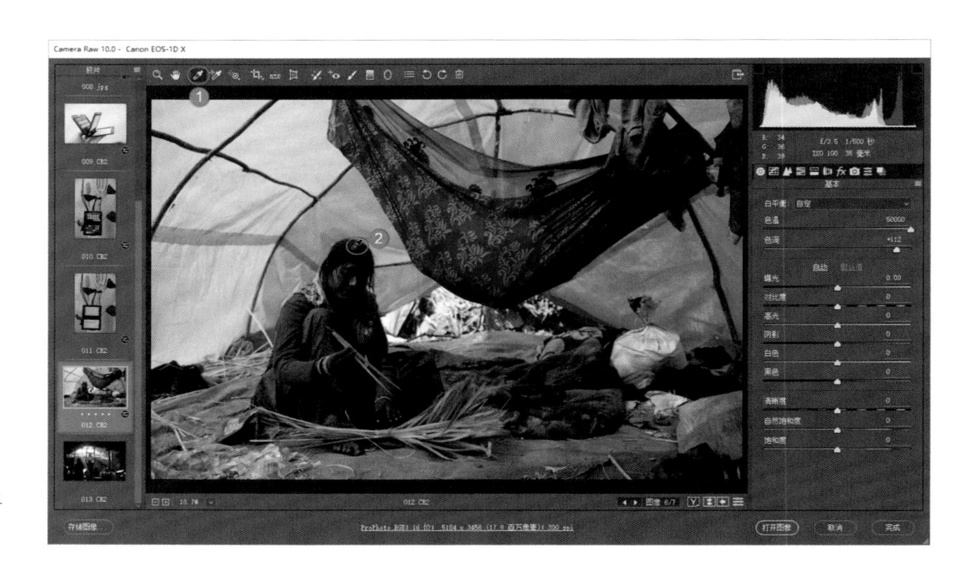

利用头发区域进行白平衡校正的效果

4.6 案例 2：老茶馆

下面这张照片，有一定的偏色。

切换到偏色的素材照片

如果要纠正这种偏色现象，就需要使用“白平衡工具”单击画面中灰色的区域，那么这张照片中哪里是灰色的呢？需要从日常生活中常见的灰色中寻找，如黑色头发、白衬衫、书本、电线杆、水泥地面等。在这张照片中，可以尝试使用“白平衡工具”单击砖缝中的白石灰，可以看到，画面得到相对准确的颜色还原。

利用白石灰进行白平衡校正

使用“白平衡工具”单击人物的黑色头发，得到的效果也不错。

利用人物头发进行白平衡校正

接着，在“基本”面板中控制亮度就可以了。

整体修饰照片影调层次

4.7 本章总结

为什么颜色的调整这么重要？如果在前期没有调准颜色，盲目地去做其他步骤，会导致颜色越调越乱，偏色越来越严重，这就是很多摄影爱好者在调整照片的过程中总感觉颜色调不准的原因。

要学好真正的色彩控制，首先就需要能够识别偏色，并且能够调整偏色的照片。将色彩调准确后，再调其他特殊色调，才能做出漂亮的颜色。例如，在颜色准确的基础上，再调整低饱和度色调、冷暖色调、复古色调、油画色调等，这些色调都是基于准确颜色的基础上再去调整的，就不会使颜色越调越差，因此第一步的准确的颜色校准非常重要，大家要真正理解中性灰的原理，控制好照片的白平衡。

虽然数码相机有自动白平衡功能，也有手动白平衡功能，但它很难做到真正的色彩还原，不如手动校准白平衡。很多摄影爱好者喜欢使用相机中的自动白平衡功能，实际上自动白平衡在绝大多数情况下都会导致画面偏蓝色，再加上很多摄影爱好者对色彩不够敏感，因此在后期调整照片的过程中不知道照片已经偏蓝了，还在这个基础上做饱和度的提高或降低，以及色相的偏移，最终导致颜色看起来很脏、很难看，这都是因为照片已经偏色导致的。因此，建议大家在白天使用日光白平衡拍摄，还是比较准确的。在特殊情况下，可以使用钨丝灯白平衡、荧光灯白平衡或自动白平衡，但大多数情况下，还是应该使用日光白平衡拍摄，照片才不会出现过多的偏蓝现象。

这里再三强调，要控制好颜色，渲染好色彩氛围，首先要将一张照片的颜色调准、不偏色，然后在这个基础上继续去做进一步的加工，这是色彩调整的第一步，也是最重要的一步。

当然，如果经验足够丰富，也可以在颜色不准确的前提下去做各种颜色的尝试，但是真正能把握色彩的爱好者毕竟不是太多，即便是学习 Photoshop 五六年的老手，也不能准确地控制颜色，因为颜色这一环节相对抠图来说，技术看似简单，但是从概念上来说比较难，这是对照片的一个理解。因此，对色彩的真正控制，没有五六年的学习经验，是很难真正把握的。

理解了中性灰原理，在这个基础上再去做颜色校正，就可以在一两年达到五六年的学习效果，因为掌握了色彩的原理，就会知道偏色的照片不能够深加工的概念。因此，先将照片调准颜色之后再去做其他的色彩效果，就能够很快驾驭色彩了。

如果照片的水平线或竖直线发生了倾斜，会使照片看起来非常别扭，比其他缺陷都要明显。前期拍摄时应该采用正确的拍照姿势，将相机端平，并仔细观察，是解决照片水平问题的最好办法。另外，有些照片因为角度或透视的问题，是无法避免水平线或竖直线问题的。

如果前期拍摄已经完成，而照片的水平线或竖直线发生了倾斜，那么也没有问题，只要在后期软件中校正即可。

本章将介绍通过 ACR 快速校正画面中倾斜线条的技巧。

05 横平竖直很重要

5.1 ACR 中变换工具的使用技巧

从下面 3 幅图片可以看到，原本应该横平竖直的线条发生了倾斜，这种画面如何快速校准呢？

打开的示例照片 1

打开的示例照片 2

打开的示例照片 3

切换到第 2 张照片。在 ACR 选项栏中，有一款“变换”工具，这个工具是ACR 近几个版本才有的功能。

单击“变换”工具，然后在画面中沿桥面水平线方向绘制一条平行的变换线。

制作水平校准线 1

一般来说，一条校准线是不够的。再次沿水平线方向绘制一条平行的变换线，使画面在水平方向上得到校准。

制作水平校准线 2

观察后可以发现，画面在竖直方向上还没有得到校准，在画面中沿木头桥柱方向绘制一条平行的线条。

制作竖直校准线 1

然后沿其他的木头桥柱方向绘制一条平行的线条，画面在竖直方向上得到了校准，使画面看上去横平竖直。

制作竖直校准线 2

5.2 为何不使用“拉直工具”

这张图片通过“变形工具”快速校准了倾斜的线条。如果不通过“变形工具”能够校准这种倾斜的画面吗？通过“拉直工具”或“裁剪工具”旋转裁切可以实现吗？

先将照片恢复到原始状态，再使用“拉直工具”。

使用“拉直工具”调整水平

这时可以发现拉直倾斜的地平线不能修正倾斜的垂直线。因此，“拉直工具”是用来校正地平线的，如果出现垂直线条变形的情况，“拉直工具”也是无能为力的。

因此，只有通过“变形工具”才能校正垂直线条。

使用“拉直工具”调整水平后的效果

最后，通过“裁剪工具”对画面进行适当的裁剪。选择“裁剪工具”后，在画面中拉出裁剪框，右击裁剪框，在弹出的快捷菜单中选择“正常”选项，即可对画面进行任意比例的裁剪了。如果要固定比例进行裁剪，那么可以选择需要的比例，如2:3、4:3等。本例选择2:3的比例进行裁剪。

裁剪完成后，双击画面，即可完成裁剪。

设定裁剪比例完成二次构图

处理后的照片效果

5.3 案例 1：无题

切换到第 1 张照片。

打开示例照片

虽然这张照片拍摄位置没有偏，但是线条也发生了变形，这是什么原因导致的呢？这是因为镜头变形导致的，也可能是由于拍摄照片时位置不居中，导致这种线条倾斜。由于拍摄这张照片的位置比较准确，因此导致这张照片线条倾斜的主要原因是镜头变形。

选择“变换”工具，在画面中沿窗户上方的横线拉出一条平行线，然后沿窗户下方的横线拉出一条平行线，这样水平方向的线条就校正完成了。

校正水平方向的线条

沿左边窗户的左侧竖线拉出一条平行线，然后沿右边窗户的右侧竖线拉出一条平行线，于是就校正了垂直方向的线条。

校正垂直方向的线条

可以发现，垂直线校正完成后，水平方向的线条又发生了倾斜。选择窗户上方的水平线条，做轻微调整。至此，照片就调整完成了。

微调水平校准线后完成调整

小提示

如果要对线条进行微调，那么可以调整洋红色的线段，拖动线段上方的锚点可以调整上方线条的方向；拖动线段下方的锚点可以调整下方线条的方向。

5.4 案例 2：窗外

切换到第 3 张照片，可以看到窗户发生了严重的倾斜。

打开示例照片

选择“变换”工具，在画面中沿窗户的左侧竖线拉出一条平行线，然后在右侧拉出一条平行线，于是就校正了垂直方向的线条。

校正垂直方向的线条

然后沿窗户的水平方向拉出两条平行线，于是就校正了水平方向的线条。

最后，再检查一下画面是否有明显变形。至此，画面的线条就校准了。

校正水平方向的线条

5.5 本章总结

绝大多数用户往往很容易学习和掌握“拉直工具”的使用方法，但对于“变换”工具的掌握却有所欠缺。而事实上，相比“拉直工具”，“变换”工具的功能更为强大，所实现的后期处理效果也更好。

本章通过几个具体的实例，介绍了“变换”工具的使用技巧。可以看到，通过“变换”工具可以快速校准画面中倾斜的线条。处理大多数照片时，如果画面中的线条发生倾斜，最理想的办法是通过“变换”工具进行快速校准。

ACR 界面顶部的工具栏中，分布着多种常用工具和命令。在照片影调、色调及画质的优化过程中必不可少，但事实上这些工具和命令又经常被忽视。本章将详细介绍工具栏中不同工具和命令的使用技巧，并对这些工具进行星级评定，让用户熟练掌握不同工具的使用技巧，并了解这些工具的重要性。

06 常用工具的评级

6.1 缩放工具

在 ACR 中同时打开多张照片，在左侧的胶片窗格中切换到第 1 张照片。

“缩放工具”可以放大或缩小图像，按键盘上的 Alt 键即可切换缩放工具放大或缩小的状态。将鼠标置于图像中，按住鼠标左键移动鼠标就可以放大或缩小图像。

放大和缩小间的切换

6.2 抓手工具

使用“抓手工具”可以在图像放大之后移动画面，查看图像的某一个局部。如果双击“抓手工具”，就可以将放大的图像复位到窗口大小。

利用“抓手工具”拖动照片

6.3 白平衡工具

在第 4 章中已经详细介绍过“白平衡工具”的原理及使用技巧，这里就不再详细介绍了。如果读者有不理解或使用不熟练的内容，可以回到前面的内容，再次学习和掌握相关知识。

6.4 颜色取样器工具

“颜色取样器工具”很有意思，这款工具本身并没有过多的调整功能，它主要用于辅助其他工具完成某些操作。

大家知道，如果三原色 R、G、B 以等比例混合，那么得到的效果是无色的，为纯黑、各种灰色或纯白色。也就是说，对于任何一个像素点来说，如果三原色 R、G、B 的数值相等，那么该点是没有色彩感的，也可以说是不会偏色的。

在 ACR 后期处理时，如果感觉某个位置色彩不够准确，但又无法用肉眼直接判断该位置到底偏哪种颜色，那么就可以利用“颜色取样器工具”，在偏色位置单击，该位置的色彩信息就会显示在单独的面板中。

对云层进行取样颜色设置

照片中云层的色彩并不纯正，是有些偏色的，偏哪种色彩并不容易及时识别出来。可以使用“颜色取样器工具”，对偏色严重的云层进行定位，然后从新产生的取样颜色面板中可以看到，云层部分的 R 红色与 G 绿色的值都是 96，而 B 蓝色的值是 115，明显偏高，那么如果要将云层调整到正常的颜色，就要进行降低蓝色的操作。

关于调色的后期技巧，将在本书后面的内容中详细介绍。

6.5 目标调整工具

选中“目标调整工具”，在画面中单击鼠标右键，弹出快捷菜单，可以分别控制照片的明亮度、色相、饱和度等。

例如，在右键快捷菜单中选择“参数曲线”选项。

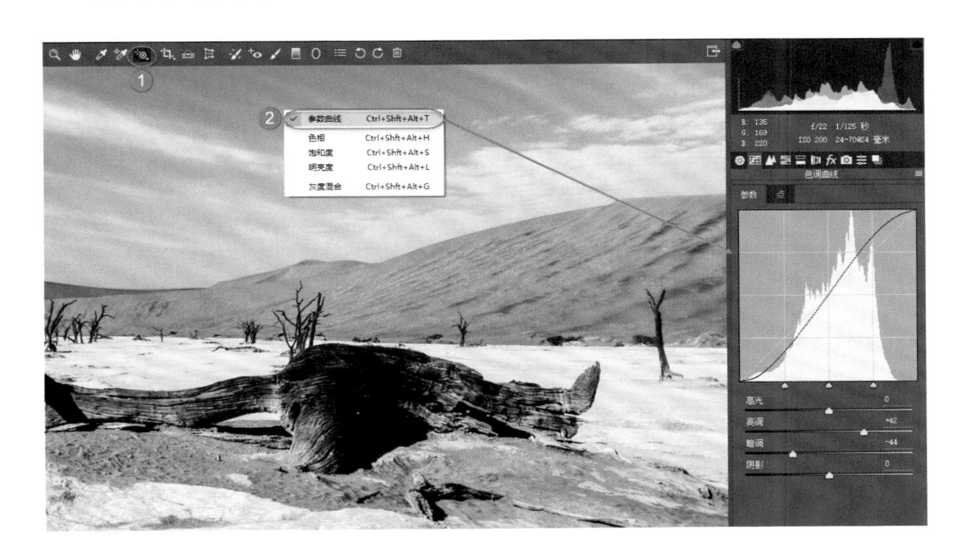

使用“目标调整工具”，选择调整项

在画面中按住鼠标左键并向上或向下拖动，即可改变画面的亮度。在界面右侧的“色调曲线”面板中也可以看到，拖曳鼠标的过程中，曲线也是在变动的。

使用“目标调整工具”，选择调整项

利用这个选项可以精准地控制图像中某一个局部的亮度，并进行调整。例如，需要使暗部更亮一点，那么可以将鼠标指针置于暗部，然后按住鼠标左键并向上拖动，于是暗部就变亮了。

同样的，如果想使亮部暗一点，那么将鼠标指针置于亮部，然后按住鼠标左键并向下拖动，于是亮部就变暗了。

“目标调整工具”是一个局部选择的工具，它可以快速选择需要调整的某一块区域的明亮度和色相。例如，如果需要修改蓝天的色彩，就在右键快捷菜单中选择“色相”选项。

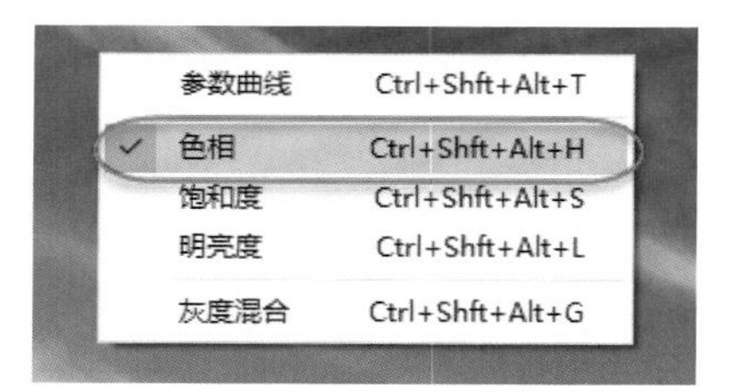

改变调整项

然后将鼠标指针置于蓝天区域，按住鼠标左键并向上或向下拖动，那么就可以更改蓝天的颜色。

拖曳鼠标调整色相

如果要修改沙漠的色彩，将鼠标指针置于沙漠区域，按住鼠标左键并向上或向下移动，就可以更改沙漠的颜色。这就是局部颜色选择工具的强大之处。

当然，除了可以修改色相，还可以修改饱和度。在右键快捷菜单中选择“饱和度”选项，然后将鼠标指针置于要调整饱和度的区域，按住鼠标左键并向上或向下拖动，那么就可以更改调整区域的饱和度。

另外，还可以控制颜色的明亮程度，在右键快捷菜单中选择“明亮度”选项，就可以控制颜色的亮度了。往往需要配合多个工具控制某一个颜色，才能达到理想的效果。一般来说，要控制一个颜色，需要控制它的色相、饱和度和明亮度，缺一不可。如果只是控制某一个选项，那么最终会导致色彩调整不到位。

在右键快捷菜单中还有一个“灰度混合”选项，该选项主要用来做黑白效果。例如，选择“灰度混合”选项后，图片就转换为黑白效果。将鼠标指针置于图片中想要更改亮度的区域，然后按住鼠标左键并向上或向下拖动，那么就可以更改相应区域转换为黑白效果后的亮度。

“灰度混合”选项

如果不想做黑白效果了，可以在界面右侧的“HSL/ 灰度”面板中取消勾选“转换为黑白”复选项，那么图片就会还原为彩色。

取消黑白转换

这就是“目标调整工具”的使用，它被评为“五星级”工具。在后面的内容中会根据实际的案例对具体的应用进行实战演示，这里只是介绍该工具的用法。

6.6 裁剪工具

许多摄影初学者可能意识不到构图的重要性，所以在拍摄照片时往往不够谨慎，看到美景时轻易就按下了快门，然后继续寻找下一个景观，继续快速拍摄。于是他们拍摄的照片大多数看起来会很别扭。从这个角度说，二次构图对于初学者来说，是尤为重要的。如果将摄影构图分为前期和后期，那么初学者的后期二次构图可能会是照片是否成功的决定性因素。

在 ACR 中，大多数情况下要使用裁剪工具进行二次构图。ACR 的裁剪工具，可以在裁剪时设定裁剪的比例，选择了裁剪工具后，在照片上单击鼠标右键，就可以选择不同的裁剪比例，如 1:1、3:2、16:9 等；也可以不设定固定参数而进行任意比例的裁剪；还可以由用户自己设定特定的比例进行裁剪。

设定裁剪比例或裁剪范围后，在保留区域内双击鼠标即可完成裁剪。

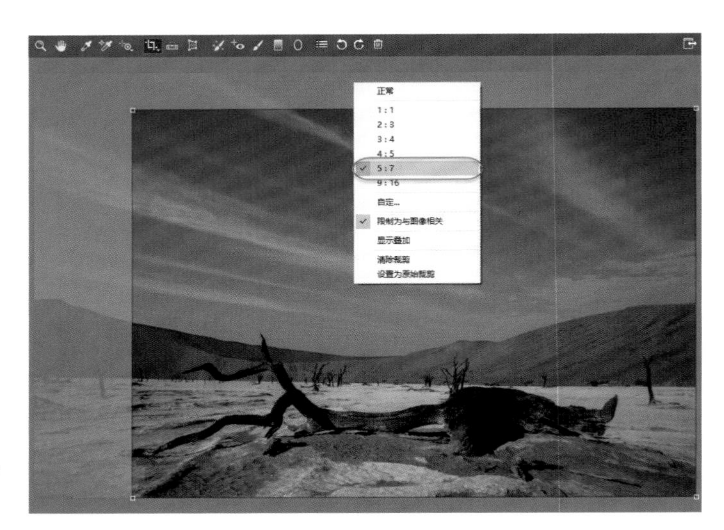

设定固定的比例 5:7 进行裁剪

如果要随意拖动而不设定比例，只要选择右键快捷菜单中的“正常”即可。

如果要使用自定的比例，只要选择“自定”，然后在弹出的窗口设定即可。

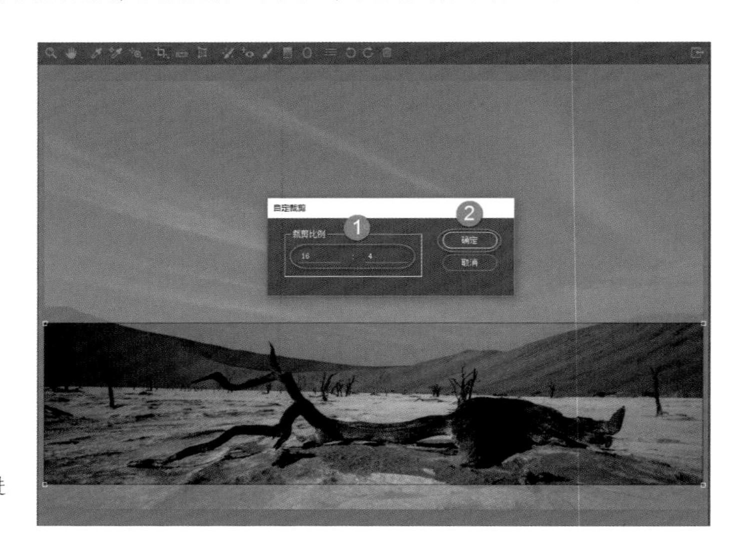

自定 16:4 的比例进行裁剪

6.7 拉直工具与变换工具

如果照片的水平线或竖直线条发生了倾斜，那么照片会是失衡的，需要使用“拉直工具”或“变换”工具进行校正。

关于“拉直工具”与“变换”工具的使用技巧，在第 5 章中已有详细介绍，这里不再赘述。

6.8 污点去除工具

“污点去除工具”用于去除画面中的污点。打开下面这张照片，放大后可以看到天空中有很多污点，这是相机的内部传感器 CCD 被弄脏所导致的。

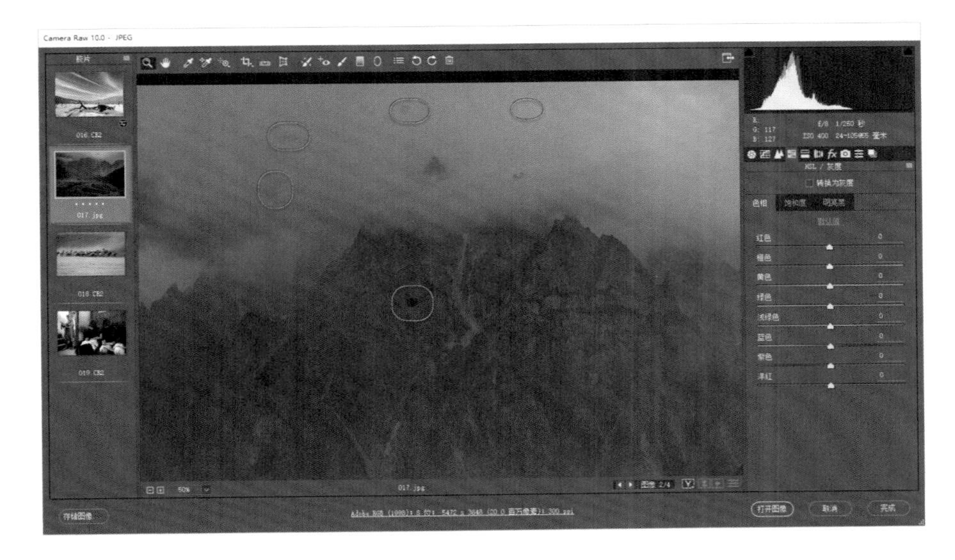
查看照片中的污点

选择“污点去除工具”，然后单击画面中的污点，就会自动修复这个污点。

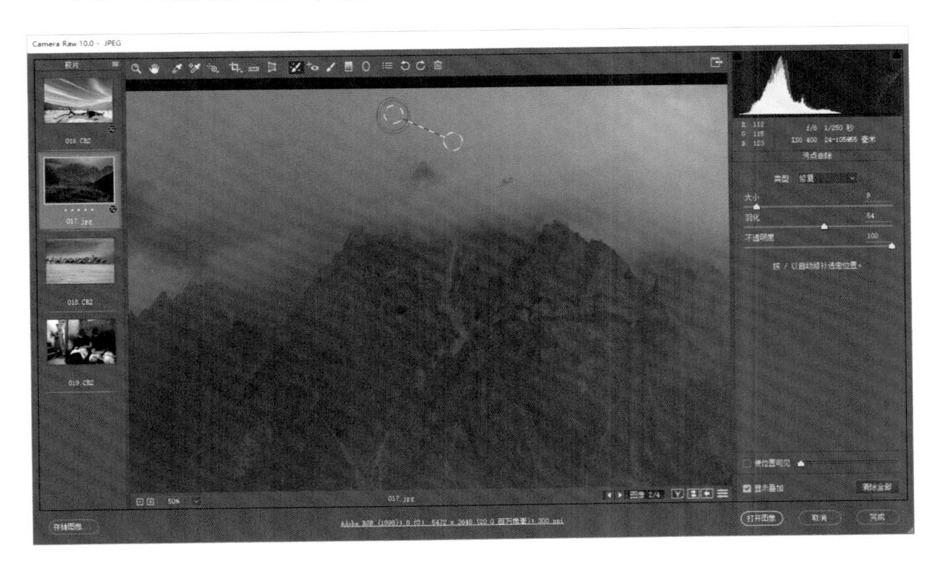
利用“污点去除工具”消除污点

一般来说，画笔直径的大小比污点稍大一点儿即可，那么如何控制画笔直径的大小呢？

第 1 种方法，可以在界面右侧的参数面板中设置“大小”参数。

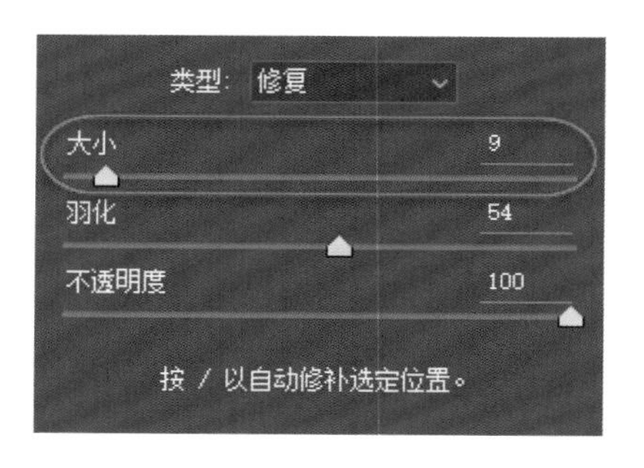

调整“污点去除工具”的直径大小

第 2 种方法，可以将鼠标指针置于画面中，按住鼠标右键并向左或向右拖动，来控制画笔直径的大小。

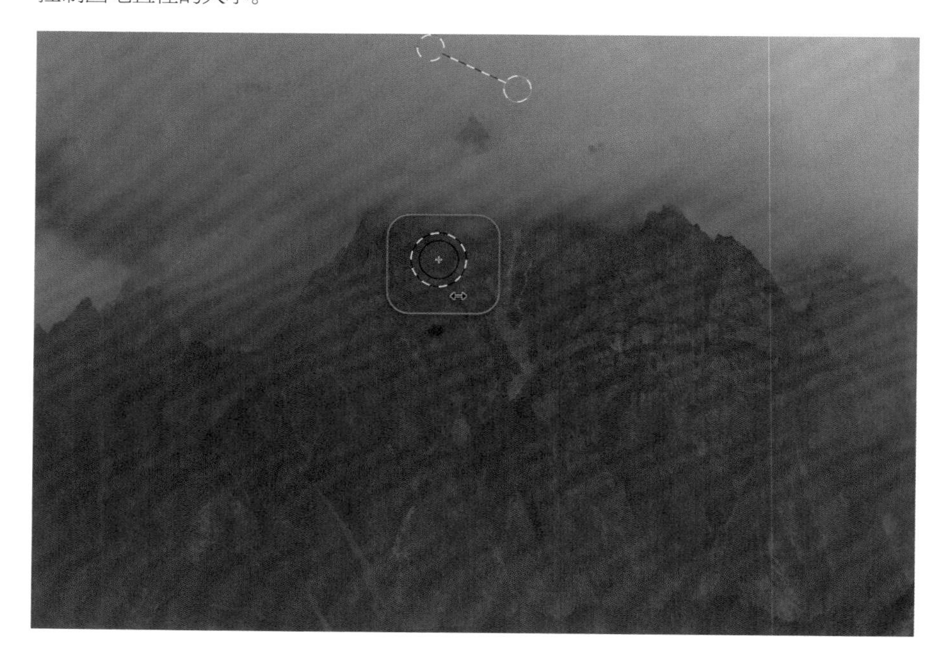

利用鼠标右键改变工具直径

第 3 种方法，可以按键盘上的“[”和“]”键来放大或缩小画笔直径。但要注意的是，大部分输入法要求切换到英文状态下才可以使用这种方法。

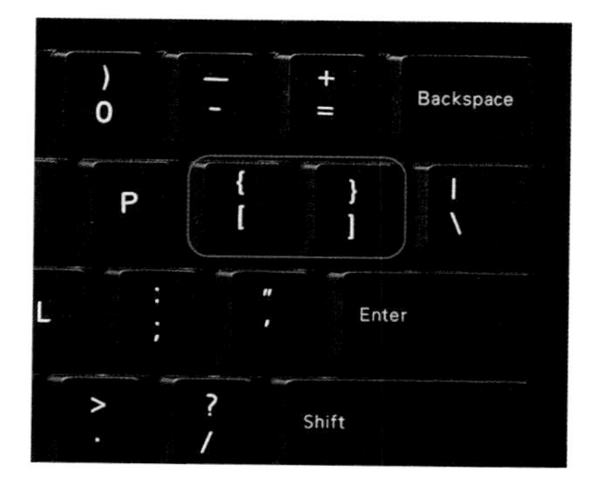

利用“[”和“]”键放大或缩小画笔直径

如果要查看修复过的污点所在的位置，那么可以在右侧界面中勾选“显示叠加”复选框，使画面中显示所有修复过的污点，黑色的圆圈表示前面修复过的，红色的圆圈表示最后一次修复的污点，其连接的绿色的圆圈表示该污点的采样点，它会自动判断哪一块的亮度与要修复区域的亮度接近。

如果自动修复的效果不佳，那么可以手动移动绿色的圆圈，自己寻找与污点处纹理与亮度接近的区域。一般来说，“羽化”都应适当开启，这样修补的边缘才不会有很生硬的边界。

勾选“显示叠加”才能显示出修复污点位置的标记

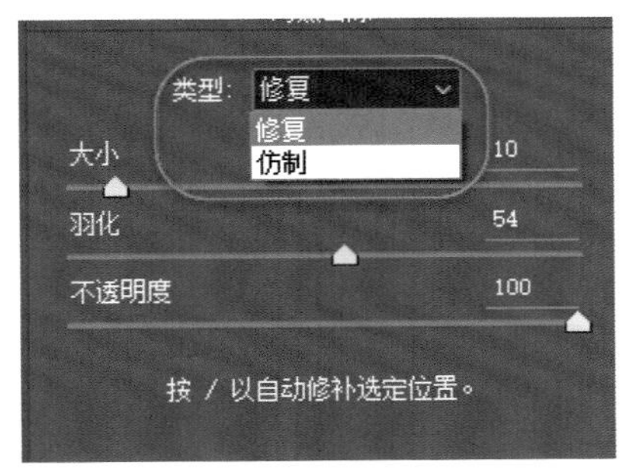

污点修复的类型

一般来说，开启“羽化”值时，修复的边缘很生硬，开启“羽化”值后，修复就会很自然。

通常情况下，处理污点都要开启“修复”功能，当修复功能不理想时，才会选择仿制工具。仿制工具就是用取样处的像素完全替换要修复的区域，而修复功能是将取样处的像素进行混合然后修复的，因此大多数情况下都使用“修复”类型去修复污点。

移动画面时，按住键盘上的Space键，然后按住鼠标左键拖动，即可移动画面。

移动画面视图

继续对其他区域的污点进行修复。这种修复工具还是很智能的，它会自动判断场景的亮度和纹理，然后去临近的区域采样，从而快速修补图像中的污点。

如果不想使画笔影响到视觉效果，例如，要查看修补的边缘有没有修干净，有没有痕迹，那么画笔的直径就会干扰到视线，这时可以在右侧界面中取消勾选“显示叠加”复选框，就可以在没有干扰的情况下查看修复的效果了。

6.9 调整画笔工具

“调整画笔”工具主要用于控制照片中的某一个局部的亮度和色彩。打开下面这张照片，以此照片为例介绍“调整画笔”工具的使用方法和技巧。

打开新的示例照片

首先，在右侧的参数面板中单击下拉按钮，展开下拉菜单，选择“重置局部校正设置”选项，将画笔的参数全部复位。现在的画笔是有参数设定的，如果不想使用这些参数，那么就应该将画笔的参数设置复位。

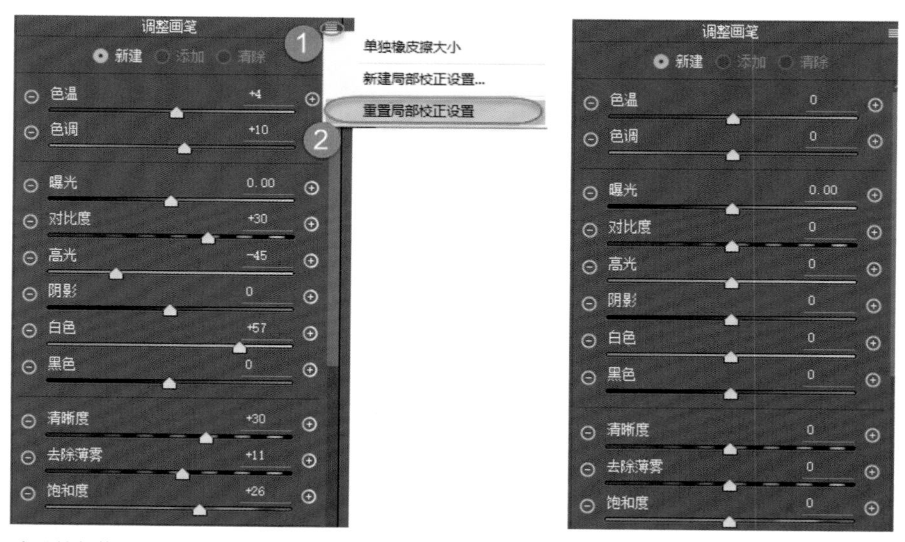

重置局部校正设置　　　　重置后的画笔参数

然后，对某一块需要修改的区域进行涂抹。当画笔的参数复位时，涂抹是没有效果的，需要改变曝光等其他参数之后，画笔涂过的区域才会有效果。

利用画笔可以对图像中很多局部需要修改的区域进行各种功能的修改，该工具在ACR中可以评为“七星级”工具，是较常使用的工具，也是功能最为强大的工具，在后面会以实战案例深度讲解这个工具的妙用。

下面，介绍一下画笔参数的设置。所有的参数设置都是应该根据图片的需求去修改的。先来看一下画笔整体的参数设置，“大小”就是画笔的直径，直径越大，边缘过渡就越柔和、自然；直径越小，控制的面积就越小，边缘也就越生硬。因此，一般来说，应根据需要合理控制画笔的直径。画笔直径的调整同样也可以使用键盘上的“[”和“]”键进行调整，或通过按住鼠标右键并向左或向右拖动来控制画笔直径的大小。

一般来说，“羽化”值应设置为最大，否则边缘会出现痕迹。

举一个例子，没有羽化的画笔边缘很明显；增强羽化值后的边界过渡就很柔和。因此绝大部分情况下，“羽化”功能应开至最大。

羽化为 0 时的效果

最大羽化值的效果

“流动”和“浓度”是指画笔的浓度和不透明度，这二者的概念是差不多的。如果将“流动”开得很小，那么画笔的作用就很不明显；如果“浓度”设置得很小，画笔也基本是看不出效果的。

一般来说，可以将这两个参数设置得大一点儿，使效果看上去更明显一点儿。当一支画笔需要进行不同浓度的修改时，才需要去控制它的流动，否则保持这两个参数的默认值即可。但通常情况下，不需要在一支画笔上控制不同的浓度，如果需要做这种操作，可以新建画笔。

例如，先将参数复位，将画面的效果还原为初始状态并单击面板右下角的“清除全部”按钮，将所有的画笔清除。

如果只想清除画面中的一支画笔，那么应如何操作呢？假设此时应用了两支画笔，那么可以选中要清除的画笔，单击鼠标右键，在弹出的快捷菜单中单击“删除”选项，那么这支画笔就删除了。

删除画笔的操作

如果一支画笔不够，那么可以新建一支画笔，继续来涂抹。默认情况下，新建画笔的参数与上一支画笔相同。如果觉得这支画笔的强度太高，那么可以设置这支画笔的强度，而不影响前面的画笔。

因此，如果需要不同的画笔、不同的效果，就要新建多支画笔，才能满足工作需要。

例如，如果想要提升局部的饱和度，那么可以先设置“饱和度”参数，然后利用画笔涂抹，这样就新建了一支可以提升饱和度的画笔。

提高画笔的饱和度设置

如果觉得这支画笔涂抹在马匹上的效果好一些，而不想涂抹在草地上，那么就可以将涂抹在草地上的效果清除。在右侧面板中单击“清除”单选按钮，然后涂抹草地区域，就可以将草地上的效果清除。

清除画笔效果

如果被清除的区域过多，那么可以将清除的区域添加进来。单击“添加”单选按钮，在不想清除效果的区域涂抹，即可还原画笔的效果。

继续添加画笔涂抹

可以看到，画笔十分灵活，它可以不断地在某一支画笔上增加、减小涂抹的面积，通过“添加”功能就可以增加面积，通过“清除”功能就可以减小面积。另外，通过“新建”功能可以新建一支完全不同色彩或亮度的画笔。如果效果不令人满意，还可以选中相应的画笔，在右键菜单中将其删除。如果想要将画笔全部删除，那么就可以单击“清除全部”按钮清除所有画笔。

将鼠标指针置于画笔上，就可以看到白色的范围提示，这就是这支画笔的蒙版提示，默认情况下是用白色进行预览。

查看画笔的涂抹范围

如果想要更改提示的颜色，那么可以单击蒙版后的“蒙版叠加颜色”按钮，在弹出的“拾色器”对话框中选择想要更改的颜色，单击“确定”按钮。再次将鼠标指针置于画笔上时，显示的就是刚才设置的颜色。这只是一个涂抹了哪些区域的预览，实际上不会影响图像本身的效果。

以红色显示涂抹区域

以红色显示涂抹区域

如果不想看到画笔显示的小圈，那么可以勾选“叠加”复选项，即可关闭画笔显示。

再次勾选“叠加”复选项，就可以重新显示画笔了。

设定是否显示画笔标记

以上是“七星级”工具画笔的简单介绍，至于更有深度的内容，会在后面的案例中做详细的讲解。

6.10 渐变滤镜

“渐变滤镜”也是 ACR 中很常用的工具，可以评为“六星级”工具，使用也非常频繁。例如，需要将草地变暗，可以选择“渐变滤镜”后从下向上拉出一条渐变，距离越长，渐变过渡越自然。

拉出渐变后，在右侧的参数面板中根据需要设置渐变的参数，以控制它的明暗、色彩和其他参数。

制作“渐变滤镜”

也可以创建多条渐变，并且可以修改渐变的颜色。

制作“渐变滤镜”

在渐变中，还可以配合画笔来做局部的涂抹。例如，制作完渐变后，有些区域变得太暗，有些区域变得太亮，那么可以使用画笔在渐变的效果上进行涂抹，来提亮或压暗这些区域。如果想要为渐变制作更加自然、柔和的过渡效果，那么也可以配合画笔进行涂抹。

例如，上方渐变靠近人的部分，感觉不够暗，那么可以在参数面板右上角单击选中“画笔”单选项，再在该单选项下方选择带加号的画笔，设定模式为“添加”，在人物周边涂抹，可以将这部分变得更暗。而如果选择“减去”模式，则可以将该位置的渐变效果消除，变得更亮。

利用画笔的“添加”模式强化渐变效果

6.11 径向渐变

使用“渐变滤镜”可以制作垂直、水平、斜线的渐变，而“径向渐变”顾名思义是可以做圆形的渐变。打开下面这张照片，选择“径向渐变”，在画面中拉出一个椭圆形的渐变，渐变的范围越大，过渡越柔和。

制作“径向渐变”

“径向渐变”有两个参数可选，即“内部”和“外部”，“内部”是指“径向渐变”内部的区域，“外部”是指“径向渐变”以外的区域。那么究竟应该使用“内部”还是“外部”呢？一般来说，应根据图片所需要修改区域的面积大小来决定。对于这张照片而言，适合做“外部”，因为调整图片的目的是将四周的环境压暗一点，从而突出主体。

“径向渐变”效果在内部

“径向渐变”在外部

“径向渐变”的范围是可以移动的，用鼠标左键按住“径向渐变”中心的红点，然后拖曳鼠标，即可将“径向渐变”移动到想要放置的区域。

另外，按住“径向渐变”四周的锚点向外或向内拖动，还可以调整“径向渐变”的范围。

调整“径向渐变”的位置与大小

小提示

当然，也可以将渐变区域外不够黑的区域压暗。单击“增加”单选按钮，在想要压暗的区域涂抹。

在应用“径向渐变”效果后，也可以使用画笔功能。例如，此处的渐变将外部环境压暗，但并不想使渐变区域外的人物也变暗，那么就可以将其还原。在右侧参数面板上方，单击“画笔”单选按钮，选择“减去”模式，控制好画笔的直径，在不需要变暗的人物上进行涂抹，将其还原。

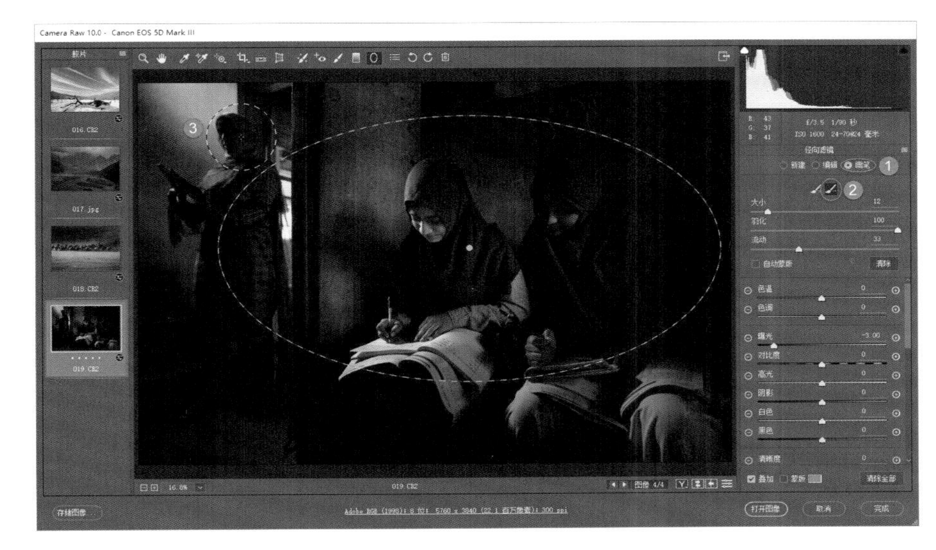

小提示

当然，也可以将渐变区域外不够黑的区域压暗。单击“增加”单选按钮，在想要压暗的区域涂抹。

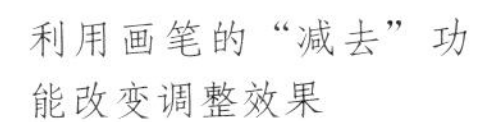

利用画笔的“减去”功能改变调整效果

往往，“径向渐变”配合画笔可以做出很灵活的修改，它们是通用的，通过画笔可以处理渐变无法处理的区域。“径向渐变”是控制大范围面积的，二者配合效果会更完美。

“径向渐变”的具体应用会在后面实战案例中进行讲解。

改变后的径向渐变滤镜效果

6.12 本章总结

本章通过对不同工具的详细介绍，相信可以帮助读者快速而熟练操作 ACR 插件。

实际上，本章尤为重要的知识点在于，利用特定工具对照片局部的调整。一般情况下，对照片影调、色调和锐度进行整体调整后，照片整体会变得好看很多，但要使照片真正成为摄影作品，实现作品效果和内涵的升华，还有很多工作要做。最主要的便是照片局部的修饰，也可以认为是精修。从某种意义上来说，照片精修与二次构图更加接近。比如，创造者可能要强化主体部分的色彩和影调，使主体更突出；也有可能要强化前景，使照片氛围变得更加悠远、深邃；还有可能需要修掉某些景物，使画面显得干净、简洁。而所有的这些操作，都要通过使用“渐变滤镜”“径向渐变”和“调整画笔”工具来实现，也就是说这 3 款工具是 ACR 非常重要的功能，也是往往容易被忽视的核心功能。

ACR 工具中，面板是最重要的功能区域。照片的各种处理，主要是在调整面板中完成，本章将详细介绍各调整面板的功能设定及使用方法。

当然，不同面板在后期处理时所占的比重不同，所以本章的讲解也会有所侧重，对于“基本”“HSL/ 灰度”等重点面板，介绍也会更加详细和全面。

07 常用调整面板的认识

7.1 “基本”面板

将准备好的素材照片在 ACR 中打开，切换到第 1 张照片。

在 ACR 当中，最常用的就是“基本”调整面板，在该面板中，可以对白平衡、曝光、饱和度等做一个大范围的修改，是调整图像需要用到的基础的调整面板，因此它是最为常用的。

一般来说，打开一张照片时，首先应单击“自动”选项，使 ACR 自动判断照片的亮度、反差，因此应该在自动调整完成后，再根据图片的亮度需求去合理地修改各个参数。

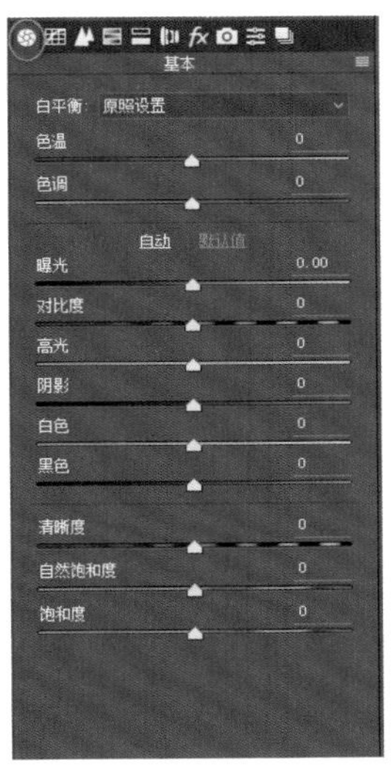

“基本”面板

利用“自动”功能优化影调层次

可以看到，这张照片在自动调整后，亮度相对比较合适。下面，需要更进一步地修改照片的细节。通常情况下，自动调整后，都会得到通透的画面。当然，明暗细节仍然达不到需求。如下面这张照片，云彩的亮度就没有层次了，这时就需要控制画面的高光。

高光是控制图片的最亮区域，一般应将高光设置为最低，以获得亮部最好的细节和层次。

小提示

每张照片具体的情况是不同的，所以在实际调整时，记参数是没有用的，应该根据实际情况来进行调整，追回高亮和暗部的细节层次。

高光与阴影对应的照片位置

阴影是控制照片比较暗的区域，一般来说，也会大幅度提升照片暗部的细节。因为照片的反差一般都相对比较大，因此需要通过降低高光、提升阴影来缩小照片的反差。

白色与高光看起来比较相似，但其实是有差别的。高光是控制图片中最亮的区域，如白云，这块区域也同样属于浅色的区域，它应该算是亮部。白色是控制图片比较亮的区域，如果觉得照片比较亮，那么就可以调整“白色”参数。

黑色与阴影原理相似，阴影是控制比较暗的区域，而黑色是控制画面中最黑的区域，如果画面中最黑的区域比较深，那么可适当提升黑色。黑色一般不宜提升太高，否则暗部就没有立体感了，画面反差就会不够，照片看上去会发灰。因此，黑色的提升一般是少量的。

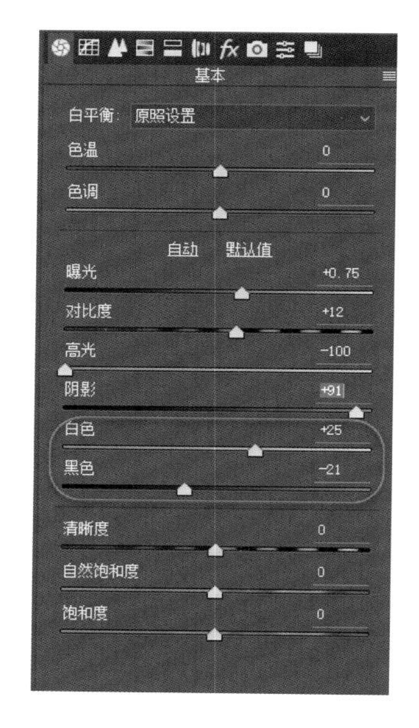

白色与黑色参数

以上参数设置完成后，就可以调整对比度了。在这几个选项的调整过程中将整个照片的反差变弱了，于是必然会产生照片发灰的现象，因此需要控制对比度。一般来说，应增加对比度。对比度就是增强画面的明暗反差的。

提高对比度

“曝光”则是控制全局的亮度。可以看到，这几个参数已经能够将绝大部分照片的曝光和对比度包括通透度控制到位了，因此处理每一张照片几乎都要调整这几个参数。

提高曝光值

“清晰度”指的是中间调的对比度。对于绝大多数的图片，都应适当增加清晰度，一般设置为 30 左右。如果需要做出更高质感、更强对比的画面，可以继续增加清晰度。这个参数调整是因题材而异的。例如，如果要做出粗犷的画面，或需要增强质感及增加纹理的画面，需要增强清晰度。

提高清晰度

处理这张照片，并不需要过多提高清晰度。

适当调整清晰度

增强清晰度后，就可以修改饱和度及自然饱和度了。饱和度主要是控制全局颜色的鲜艳程度，当饱和度降为 0 时，照片就没有颜色了，变为黑白图像。加强饱和度后，颜色就会变得非常浓郁，但一般来说，大部分照片都不应有太高的饱和度，否则会产生颜色非常浓郁的现象，看久了会显得很腻。因此，饱和度的增加一般都是微量的，控制在 20 以内，当然特殊的画面就另当别论了。

饱和度是控制全局的色彩，而自然饱和度是控制高饱和度中的颜色。例如，当自然饱和度降为 0 时，画面也不会变为黑白效果，这与饱和度是有差别的。可以看到，最鲜艳的颜色没有了。因此可以判断，自然饱和度是控制高饱和度中的颜色。一般来说，需要将颜色变浓郁时，可以适当增强整体饱和度，然后多增加一些自然饱和度，这样颜色看上去会更加自然，也不会过于有腻味。这就是饱和度与自然饱和度之间的关系。

提高饱和度与自然饱和度

将曝光、反差、高光、阴影、中间调、饱和度都控制到位后，需要调整照片的色温。在调整色温时，一般来说可以选择“自动”，使 ACR 自动判断色温。

设定自动白平衡

当自动调整的效果不理想时，可以选择“原照设置”，在这个基础上通过手动调整白平衡，或使用“吸管工具”单击画面中的灰色或黑色、白色区域。

小提示 *阴影中的物体不属于黑色，而白云是白色的。因此，这里使用“吸管工具”单击白云的黑色区域。*

当在画面中找不到黑白灰色时，需要手动控制色温。当需要特别渲染色彩时，也是通过手动控制白平衡的，因为自动控制白平衡只能还原正常的色彩，不能根据创作者的意愿去改变符合照片需求的创意色彩。

色温与色调调整

7.2 “色调曲线”面板

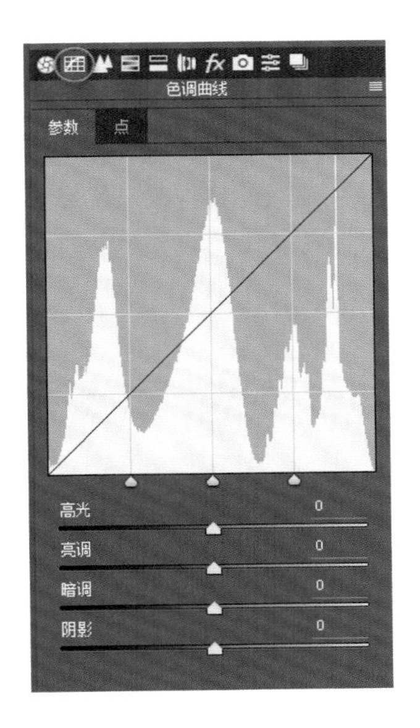

“曲线”在Photoshop中称为“五星级”工具，但是在ACR中由于“基本”面板中的功能很强大，因此该工具中的“色调曲线”面板基本上被忽略了，很少用到，只有做色彩严重偏移时，才会使用“点”功能，利用R、G、B三通道修改色彩的相关内容，会在后面讲到。对于常规的图像来说，基本不会使用“色调曲线”功能。这里不做重点强调。

“色调曲线”面板

7.3 “细节”面板

下面，介绍“细节”面板。“细节”面板是控制照片的锐化和降噪的。一般来说，只要设置一次锐化参数，以后就不再需要设置了，因为设置好的参数会默认应用在以后处理的图像上。

“锐化”就是将图片变得更加清楚，那么应将该参数设置为多少呢？首先开启“数量”参数，一般来说，“数量”设置在50以内即可，然后按住键盘上的Alt键并单击蒙版滑块，可以看到画面变为全白，意味着整体全部被锐化了，但实际上并不需要对图像的全局进行锐化，而是要锐化线条，因为锐化全局会带来更多的噪点。

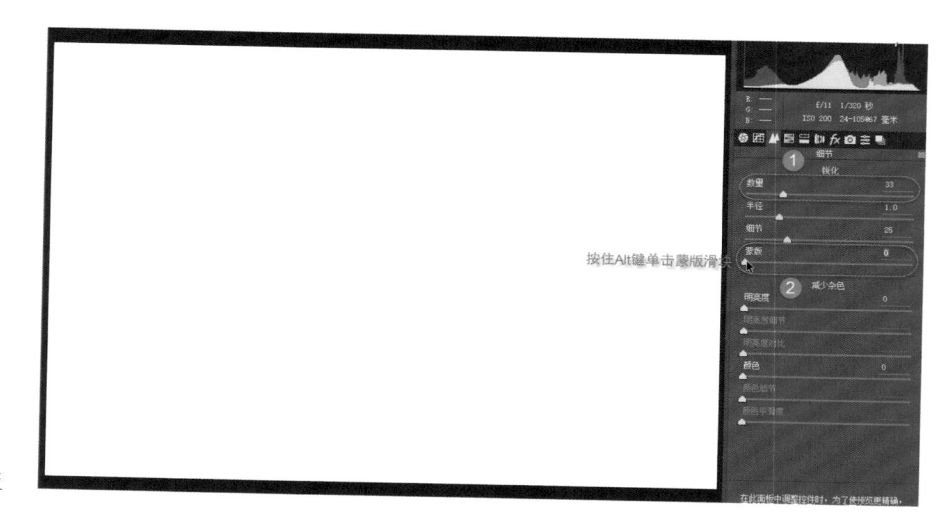

调整锐化数量与蒙版

很多照片都不需要全局锐化，如下面这张照片，蓝天这么光滑的区域，没有必要将其锐化，需要锐化的是草地和牛的纹理，如果锐化蓝天，反而会使蓝天产生噪点。因此，一般不做全局锐化，而要做局部锐化。

按住 Alt 键，向右拖动蒙版滑块提高“蒙版”参数，这时可以看到画面中出现了黑白灰的色块。白色的区域就是锐化的区域，而黑色的区域就是没有被锐化的区域，可以看到蓝天没有被锐化，锐化的只是浅色区域，如白云、草地和牛的线条。

查看蒙版调整效果

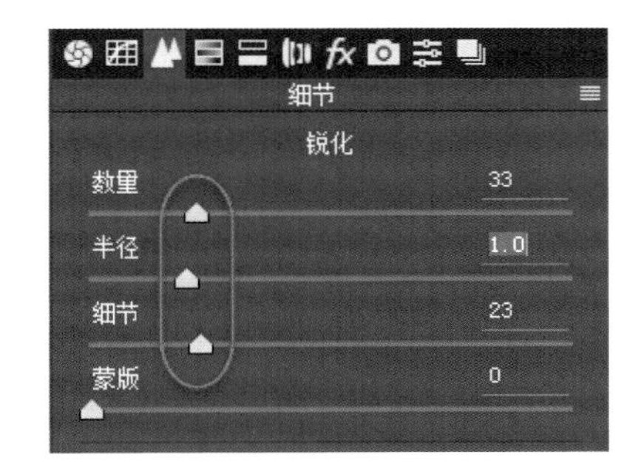

这些参数的设定，“数量”越大，锐化得越清楚。对于绝大部分图片来说，将“数量”“半径”和“细节”这几个参数的滑块置于上下对齐的位置即可。“蒙版”参数是根据每一张照片的需求去确定锐化的面积和线条的多与少。

数量、半径与细节的大致位置

这次锐化称为“输入锐化”，即对原始数据进行锐化。在Photoshop中打开照片后，或者在照片要输出打印时，根据照片的大小进行锐化，大照片做大锐化，小照片做小锐化。因此，在ACR中调整图像时，并不需要对图像进行大范围的锐化，只需要进行小锐化即可。

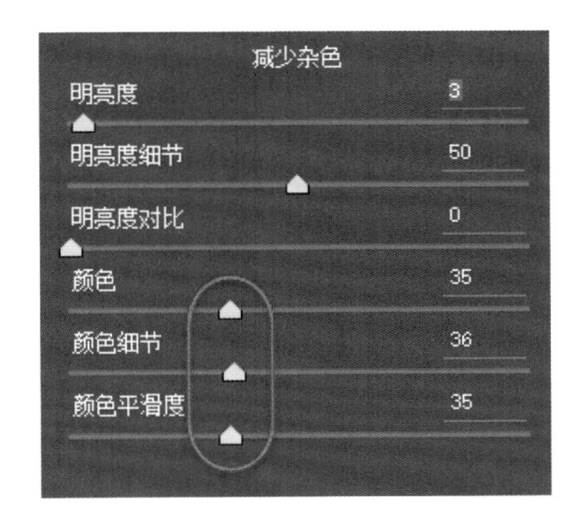

“减少杂色”选项组中的参数主要是降低图片中的噪点，一般来说，“颜色”参数设置在50以内。具体设定时，“颜色”“颜色细节”“颜色平滑度”3个参数的滑块也基本上置于上下对齐的位置，以便适当减低图片中的彩色噪点。如果做过多的降噪，照片就会模糊，因此这些参数不宜设置过大。

颜色、颜色细节与颜色平滑度的大致位置

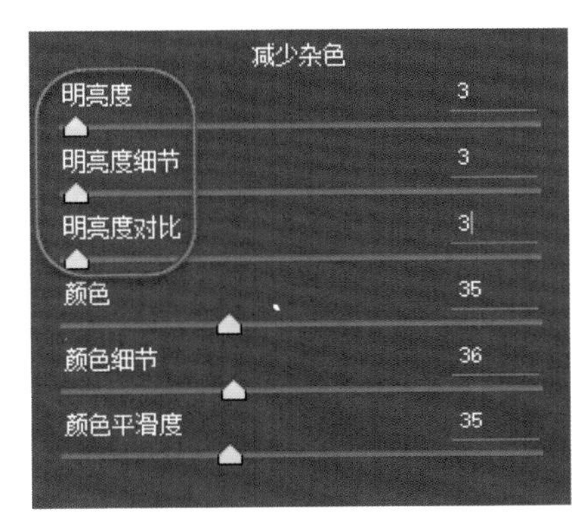

明亮度、明亮度细节与明亮度对比的大致位置

“明亮度”是减少白色的噪点。因为一张照片除了有彩色的噪点，还有白色的噪点。对于1600以下的感光度，都不需要做“明亮度”的降噪，只有对3200以上的感光度，才需要适当地降低“明亮度”的噪点。“明亮度”参数一般不需要超过10，“明亮度”“明亮度细节”和“明亮度对比”3个参数的滑块也基本上置于上下对齐的位置。如果“明亮度”参数超过10，那么画面就会变得模糊。

7.4 “HSL/ 灰度”面板

“HSL/ 灰度”面板也可以评为“五星级”面板，因为调整色彩三要素也是经常用到的。

例如，本例的照片需要加强蓝天的饱和度，在“饱和度”选项卡中增加“蓝色”，然后在“明亮度”选项卡下降低蓝色的明亮度，使天空变得更蓝。但此时发现蓝天的色彩有点儿偏青色，因此可以在“色相”选项卡下增强蓝色。

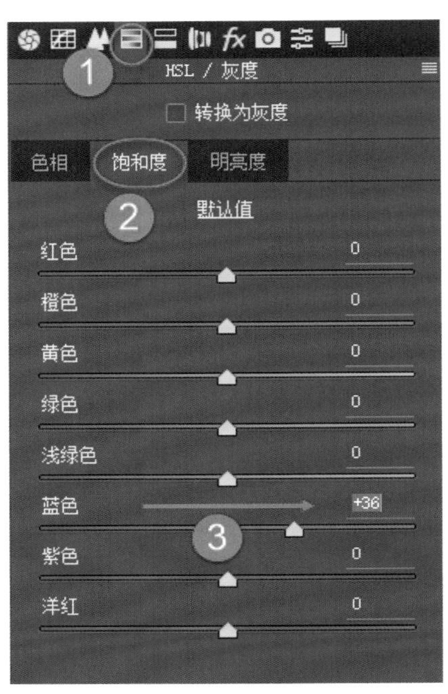

调整饱和度

调整明亮度

调整色相

实际上，在工具栏中选择“目标调整工具”设置起来更容易，它同样也是调整这 3 个参数的。

选择“目标调整工具”后，在画面中单击鼠标右键，弹出快捷菜单，选择“色相”选项，将鼠标指针置于蓝天区域，按住鼠标左键并左右拖动，调整到合适的颜色后，松开鼠标即可。

要使草地变得更绿，可以将鼠标指针置于草地区域，按住鼠标左键并左右拖动，增强绿色，调整后松开鼠标即可。

在右键快捷菜单中选择“明亮度”选项，然后在草地上按住鼠标左键并左右拖动，改变草地的明亮度。

这就是“HSL/ 灰度”面板中的几个常用选项，在图片调整色彩的过程中是会经常用到的。

利用“目标调整工具”改变调整项目

7.5 “色调分离”面板

切换到第 3 张照片。切换到“色调分离”面板。“色调分离”是指分离高光和暗部的色调，它能够将高光的颜色调成某一种色相。

切换到“色调分离”面板

没有开启“饱和度”时，调整色相是没有任何反应的，只有开启“饱和度”后，才可以调整色相。

可以看到，开启“饱和度”后，高光覆上了红色，如果移动“色相”滑块，图像的亮部区域会逐渐修改颜色，然后设置饱和度。

渲染高光部分的色彩

阴影是控制暗部的色调为主，也需要开启“饱和度”，可以看到，此时暗部色相也是红色，如果要将暗部色相变为蓝色，那么则需要移动“色相”，然后修改“饱和度”。可以看到，调整后暗部也变成蓝色了。

渲染阴影部分的色彩

进行平衡调整：阴影比重高

“平衡”主要是调整明暗之间偏离色调后的明暗关系，可以通过“平衡”微调画面的高光和暗部的色彩的差别。

对于“色调分离”面板来说，只适合制作明暗反差特别大的逆光、剪影、黄昏、清晨的照片色调，具体的调整在后面的内容中会详细讲解。“色调分离”面板在ACR中并不是常用的。

进行平衡调整：高光比重高

7.6 “镜头校正”面板

切换到“镜头校正”面板

切换到第2张照片，再在ACR界面中切换到“镜头校正”面板。

该面板有两个子选项卡，分别为“自动配置”和“手动配置”，勾选“启用配置文件校正”复选项，那么ACR会识别出相机和镜头，并给出一个合理的镜头校正。可以看到，校正了镜头的变形，同样也校正了镜头的暗角。

镜头校正后照片四周的变化

大多数镜头都会有暗角现象，特别是在使用超广角或长焦距配合大光圈时，特别容易造成暗角现象。有些照片有暗角好看，有些照片有暗角十分难看，如果不希望镜头变形或产生暗角现象，就可以启用配置文件校正，它就会自动识别。当然，如果校正的效果不理想，还可以通过手动控制校正的亮度和扭曲程度。

对校正效果进行恢复

“删除色差”可以删除照片边缘的伪色彩，一般来说都应勾选该复选项，否则照片边缘会出现紫边现象。

放大照片可以看到，画面中存在绿色和红色的边。勾选“删除色差”复选项后，这种颜色明显减弱了。

大光比位置的线条上会有色差（即出现紫边或绿边等）

删除色差后的效果

“手动”可以根据创作者的需要进行扭曲度和紫边数量的控制，如果勾选“删除色差”复选框后，紫边现象没有得到解决，可以手动来清除紫边现象。如果紫边是蓝色的，那么可以将颜色范围扩展到蓝色区域；如果紫边是绿色的，那么可以将颜色范围扩展到绿色区域。不同的边可以选择不同的颜色范围，开启“数量”，就可以清除紫边。

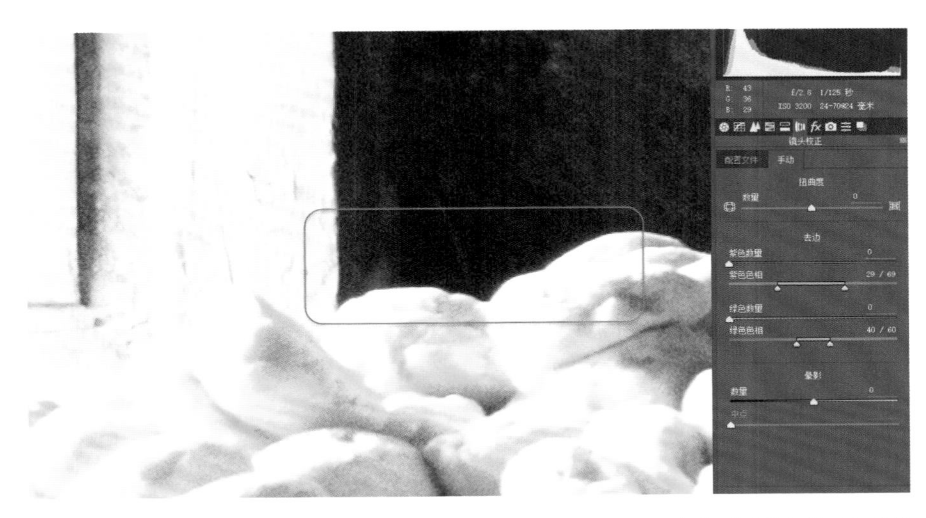

切换到“镜头校正”面板

利用手动功能彻底去掉彩边

7.7 “效果”面板

“效果”面板非常强大，也可以称为“七星级”工具。

切换到第 4 张照片，可以看到照片灰雾度还是比较高的。

在“效果”面板当中，提高去除薄雾的参数值，可以快速加强照片的通透度，去除远景中的雾霾，增加画面的质感和立体感。当然，也可以通过“减少”使画面更唯美、朦胧，灰雾度更大。

具体的应用会在后面的内容中做重点讲解。

提高去除薄雾的参数值

“颗粒”会在画面中增加一定的颗粒感。放大图片，如果觉得这张图片需要应用粗颗粒效果，可以增强照片的“颗粒”，使照片看上去更加粗糙，模拟粗颗粒的效果。

粗颗粒的杂色效果

“裁剪后晕影”可以人为地给画面做一些暗角，即画面剪裁后，暗角也会跟着画面移动。

例如，给这张照片制作一个暗角，设置“中点”，“中点”是控制暗角从中心区域还是从边缘开始的，换句话说是指暗角开始的位置。“圆度”是控制暗角的外形是方形还是圆形的。“羽化”是控制暗角的边缘痕迹，如果不羽化，边缘就很生硬；如果羽化，边缘过渡就很自然。“高光”是保护高光的意思，可以看到，当被压暗的区域有高光时，如果不提亮，那么高光就会被压暗，显得很难看，该选项是在做暗角时保护高光不被压暗，即做暗角时并不影响高光的亮度，因此应开启“高光保护”功能。

利用“裁剪后晕影”功能制作暗角

选择“裁剪工具”，可以看到，暗角会随着裁剪的范围来自动匹配——裁剪到哪里，暗角就跟着做到哪里。

如果没有开启“剪裁后晕影”功能，只是通过镜头校正做暗角，那么裁剪后画面是得不到暗角的，这就是“剪裁后晕影”与普通暗角的区别。如果图片要裁剪同时需要保留暗角，就可以开启“裁剪后晕影”这个选项。

随构图区域变化的暗角

7.8 “相机校准”“预设”与“快照”面板

“相机校准”面板并不常用，在调整过程中几乎用不上，它只是在一些照片色彩特别难以调整时做一些颜色的微调和色彩的轻微偏移，在实际的使用过程中使用很少，因此不做重点讲解。

“预设”面板可以根据创作者的需求做一些快速的预设，使照片快速调整到创作者想要的效果，在后面的内容会做具体讲解。

“快照”在实际的使用过程中也不常用，这里不做赘述。

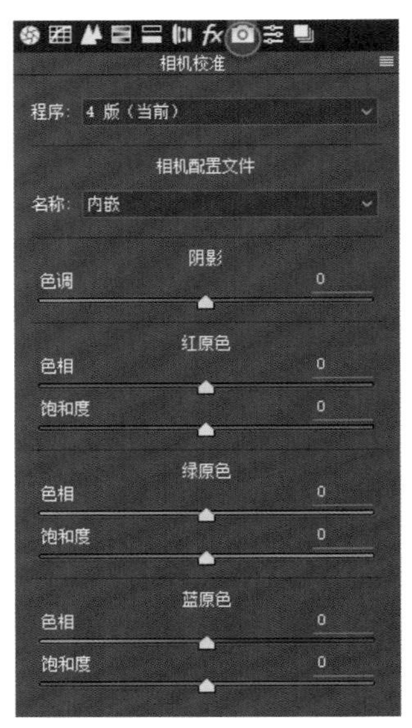

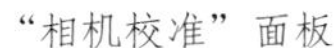
“相机校准”面板

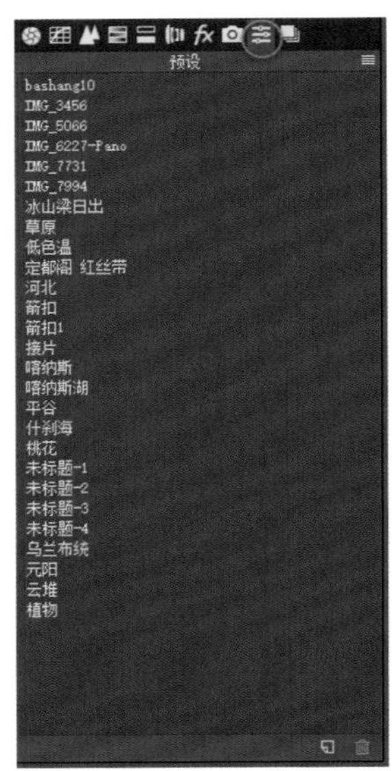

“预设”面板

“快照”面板

7.9 扩展菜单列表

在所有的面板中都会有一个扩展菜单，这个扩展菜单中较常使用的是“Camera Raw 默认值”这一功能，可以将照片还原到最初的状态，如果选择“图片设置”选项，那么就会还原到上一次设置的状态。一般来说，需要复位则选择“Camera Raw 默认值”选项；如果要完全复位到最原始的状态，就选择“复位 Camera Raw 默认值”选项，得到的效果是一致的。

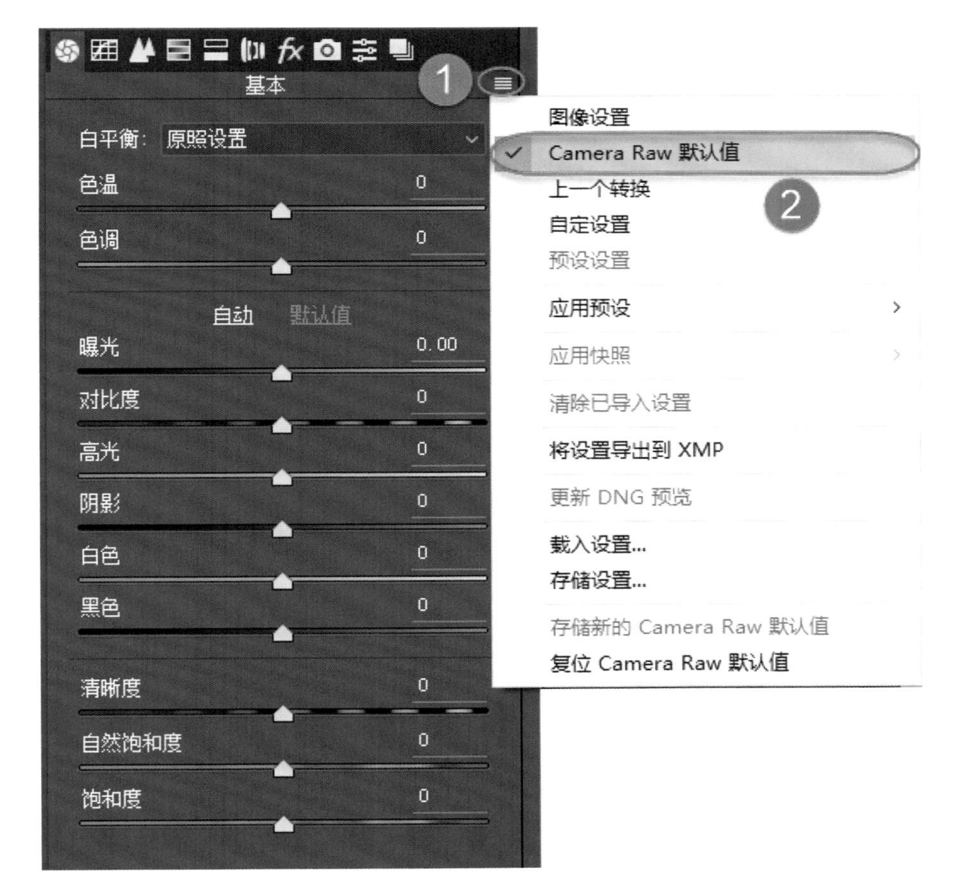

打开扩展菜单列表

7.10 本章总结

本章介绍了 ACR 中不同调整面板的使用方法，其中最常用的有“基本”面板、“HSL/ 灰度”面板和“效果”面板。需要注意的是，对于大多数的照片，只需要使用这 3 个面板，基本就能够调出令人满意的画面效果。其他的调整面板，都是不经常用到的。

一张照片品质的好坏会直接决定一张照片的成败。如果在照片的制作过程中第一步就能有品质的概念，那么在操作照片的整个流程中就能够合理地把握好照片的细节，使照片获得高品质。下面，学习高品质图像是如何打造出来的，了解它的起点在哪里。

08 高品质图像的起点

8.1 深入理解直方图与影调层次

首先，在 ACR 中打开多张照片。

在影像制作之前，要了解十分关键的要点——直方图。照片的直方图就像照片的镜子一样，可以反映出一张照片的细节和品质的好坏。标准照片的直方图，都应该做到“撞墙不起墙”。

切换到第 1 张照片，看这张照片的直方图。直方图的最右边代表照片的最亮部；直方图的最左边代表照片的最暗部。一张标准的照片，它的直方图应该是从最左边到最右边都分布了像素，表明这张照片是全影调的。右边代表最高光，以 255 表示，代表最白；左边代表照片的最暗部，以 0 表示，代表最黑。

打开新的示例照片

这张照片，暗部恰到好处，但高光略有不足。在“基本”面板中单击“自动”选项，可以看到，照片马上亮起来了，直方图的右边顶到最边缘，直方图的左边也顶到最边缘，于是就校准了照片的亮度和对比度，使照片接近一张“标准”的照片，这个“标准”是指亮度与反差都标准的照片。那么这个“标准”靠什么来说话呢？答案就是直方图。直方图应该做到暗部与高光都“撞墙不起墙”，意思是将直方图的左侧与右侧边缘分别当成一堵墙，像素只能撞到墙，但不能升起，即不能溢出，也就意味着暗部或高光有足够的细节。

利用“自动”功能优化照片影调层次

如果降低黑色，就可以使直方图左侧“起墙”；如果增加白色，就可以使直方图右侧“起墙”。“起墙”就意味着暗部或高光的细节丢失，升得越高，意味着丢失的细节越多。可以看到，增加白色，直方图中的高光“起墙”，在画面中高光的细节就全部丢失了，一片“死白”。因此，一张照片中不应该有“死白”或“死黑”的区域。

直方图白色“起墙”

降低黑色，可以看到，直方图的暗部“起墙”，画面中的暗部也变为“死黑”一片。对于一张好的照片来说，暗部不应该“死黑”一团。

直方图黑色“起墙”

这就是一张照片的起点，起点就是以直方图作为判断，要做到“撞墙不起墙”。不用在乎直方图峰值的高低，只看暗部和高光区域。而且，看直方图时，并不需要看彩色直方图，只要看白色的直方图即可。

合理的直方图状态

目前，这张照片的直方图是比较完美的。但是，完美的直方图并不意味着照片就完美。完美的直方图只代表这张照片的细节是完美的，而不代表效果。因此，要在这个基础上继续控制照片的暗部、高光，以及曝光、色彩，最终保证直方图是“撞墙不起墙”的。

优化照片影调层次、细节与色彩

这就是影像的起点，第一步就要看直方图，然后在每调整一步的过程中，都需要注意到直方图的左右两端是否发生了“起墙”的现象，这种说法是对于绝大多数常规的图像来说的，即正常的图像。那么哪些是不常规的影像呢？即创意的，不需要黑色或白色细节的。

8.2　案例 1：冬日暖阳

打开下面这张照片。

打开新的示例照片

在“基本”面板中单击“自动”选项后，可以看到，虽然直方图接近标准状态，但整个照片的亮度太高，因此需要降低画面的亮度。此时可以看到，暗部的直方图“撞墙并起墙”了。

自动调整后再微调曝光值

这时就需要提高黑色，使暗部直方图“不起墙”。

提高黑色值

小提示

这里需要调整黑色，而不是阴影，是因为阴影可以控制黑的区域，但不能控制最黑的区域。

然后再控制画面的对比度、阴影等参数。使照片最终做到“撞墙不起墙”，而且画面的视觉效果也达到目标，才是完美的。

依据直方图调整影调层次、细节与色彩

8.3 案例 2：时光

下面这张照片不是普通的照片，可以看到，暗部和高光都“撞墙并起墙”，它是一张有很大反差的照片，那么这张照片符合品质的需求吗？它是合理的吗？如果以直方图来说，它是不合理的，但对这张照片来说，笔者认为是合理的，只需要轻微地恢复一下暗部的细节即可，使暗部不死黑，但又不能使暗部太亮，因为暗部不是视觉中心。

由直方图判断照片

在提亮黑色时，不能强行将它提亮，如果暗部太亮，那么画面就没有视觉感染力了。虽然画面暗部没有太多的信息，但也不想使它“死黑”，还是想隐约可见层次，然后通过加强对比度使照片看上去比较暗。

根据直方图对影调参数进行调整

再来看一下直方图的高光，可以看到，高光“撞墙并起墙”了，那么高光的细节是不是创作者需要的呢？现在尝试降低高光，使它“不起墙”，但画面背景似乎不是很好看，如果不想要背景，那么就属于创意范畴了，因为这个背景可有可无。但是，如果背景过于清晰，那么就会影响主体的视觉注意力了，使画面看上去复杂，不够简洁。这时可以使背景变浅一点儿，画面反而显得比较干净。虽然这时的直方图“起墙”，但是是可取的，因为高光的细节没有给画面带来帮助，因此可以不需要它。

根据实际情况调整影调参数

8.4 案例 3：渔耕

看一下下面这张照片，这是一幅高调图像，从直方图中可以看到，高光区域“撞墙并起墙”，并且升得无限高。那么这张照片可以利用吗？答案是可以的，因为远处的细节不需要，只需要将注意力放在小船和线条上，如果远景的层次太多，反而会影响视觉效果。这种效果属于特殊范畴，可以不按标准直方图的标准来判断它。

分析新的示例照片

8.5 案例 4：部落肖像

观察本案例这张照片，可以看到暗部“撞墙并起墙”，而且升得很高，意味着这些区域是“死黑”的。这张照片也是合适的，因为照片的背景不需要层次，而且本身就是黑背景，需要以黑背景来衬托比较亮的人物。因此，这张照片的直方图也可以“撞墙并起墙”，因为暗部的细节是不需要的。

由直方图分析新的示例照片

因此，在把握直方图的原则上，一定要理解何时是可以“起墙”的，何时是不可以“起墙”的。根据这个原则，去合理地控制照片的暗部和高光，以保证照片的品质。

8.6 案例 5：不一样的教室

打开下面这张照片，这是一张原图，可以看到照片本身的反差很大，直方图说明大部分像素堆积在暗部，高光也有部分“撞墙并起墙”了。

打开并分析新的示例照片

首先，在“基本”面板中单击“自动”选项，使软件自动判断照片的亮度，调整完成后，发现高光还是“撞墙并起墙”的，那么可以降低“高光”，使高光“撞墙不起墙”。

先自动调整，再对高光值微调

下面，调整对比度、阴影等细节，也就是说要在确保“撞墙不起墙”的基础上，调整中间调、曝光、清晰度，当出现“撞墙”现象时，需要马上修改相应的选项，使它“不撞墙”。

可以看到，通过多参数的修改，最终使这张照片实现了“撞墙不起墙”的效果。当然，这张照片的调整还需要一些局部的控制，这里只讲解直方图的概念，因此这里不对这张照片进行细化了。

对影调层次、细节与色彩进行调整，优化直方图

8.7 本章总结

本章主要讲解了直方图的重要性，它是任何一张照片的品质控制的起点。当创作者真正理解了直方图的重要概念时，才能在照片的第一步制作中的制作步骤和最后的制作步骤中，合理地控制照片的高光与暗部的细节，使照片达到完美的品质。

本章将介绍良好的正确的修图流程。掌握了正确的修图流程，有助于修出更好的照片，也能够大大提高工作效率。

对于一张照片来说，将其打开之后第一步应该做什么，第二步应该做什么，或者说前面应该做什么，后面应该做什么，这个流程非常重要。如果没有掌握一定的流程和方法，那么创作者在处理照片时会带有一定的盲目性，会有碰运气的情况。因此，创作者需要掌握相关的流程，才能够有助于创作出更完美的摄影作品。

09 正确的修图流程

9.1 标准修图流程

1. 照片影调层次优化

将素材照片载入到 ACR 中，切换到第 1 张照片。

打开第 1 张照片

首先在“基本”面板中单击“自动”选项，使软件根据它对照片的理解和照片本身的反差、亮度进行自动判断。因为在“自动”状态下，往往会扩展照片的直方图。

可以看到，经过“自动”调整后，照片的直方图得到了自动扩展，但是这种扩展并不是经过自动调整后就不需要调整的，这种自动调整只是将直方图做到相对比较标准了，但画面的视觉效果往往会相对比较亮，所以这时需要查看直方图，然后根据这些参数进行合适的修改。

利用“自动”功能优化照片影调层次

自动调整后，如果直方图的暗部和高光没有溢出，就不需要过多地调整，这时可以调整曝光，通过曝光先来控制直方图的整体位置，曝光调整完成后，直方图必然会得到改变。

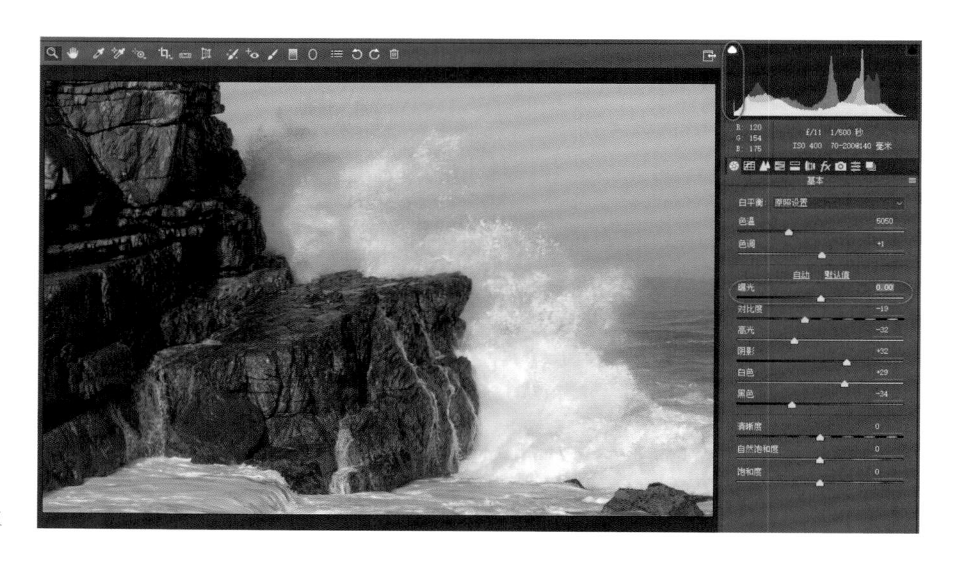

微调曝光值

可以看到，此时暗部已经被改变了。暗部被改变后，必然需要调整黑色，以确保“不起墙”。

通过调整黑色来优化暗部细节层次

下面，需要查看照片的亮部和阴影区域的细节是否满足创作者的需要。例如，这张照片的亮部水花的层次很不错，因此不需要大幅度降低高光；暗部的阴影层次也恰到好处，因此不需要大幅度提亮阴影，如果阴影提得太亮，反而会使照片没有了立体感和对比度。

当这些条件控制完成后，再根据照片的需要加强通透度。加强对比度之后，照片的反差又会得到进一步改善。

提高对比度丰富照片影调层次

这时仍旧需要查看直方图是否改变，如果没有改变，就不需要调整黑色了；如果改变了，那么需要调整黑色或高光，以免白色或黑色的区域层次过少。

影调层次参数设定与画面效果

当这些步骤调整完成后，才有意义调整其他参数。那么这些参数的调整，都是对照片的亮度和反差进行修复。当亮度和反差达到创作者的需求之后，再来控制细节。

2. 画面细节轮廓优化

首先，调整清晰度，使照片更加通透。

提高清晰度

3. 色彩整体优化

调整画面的饱和度和自然饱和度，一般来说饱和度应该少加，自然饱和度应该多加。

提高饱和度与自然饱和度

当这些参数都调整完成后，才能够调整色温，因为在亮度、饱和度都不正常的情况下就去控制色彩，那么颜色往往会发生很大的偏离。

处理这张照片时先尝试用“白平衡工具”单击水花的白色区域，但不要单击纯白的区域，使白平衡工具自动判断。单击时可以多尝试单击几个区域，看一下哪个区域的色彩是最为协调的。由于电脑屏幕可能会发生很大的色彩偏差，这种偏差有可能是屏幕偏色导致的，也有可能是“白平衡工具”吸取的颜色不准导致的。如果颜色偏差很大，可以在使用“白平衡工具”的基础上对色温和色调进行细微的补偿，这样就能够快速校正色温与色调了。

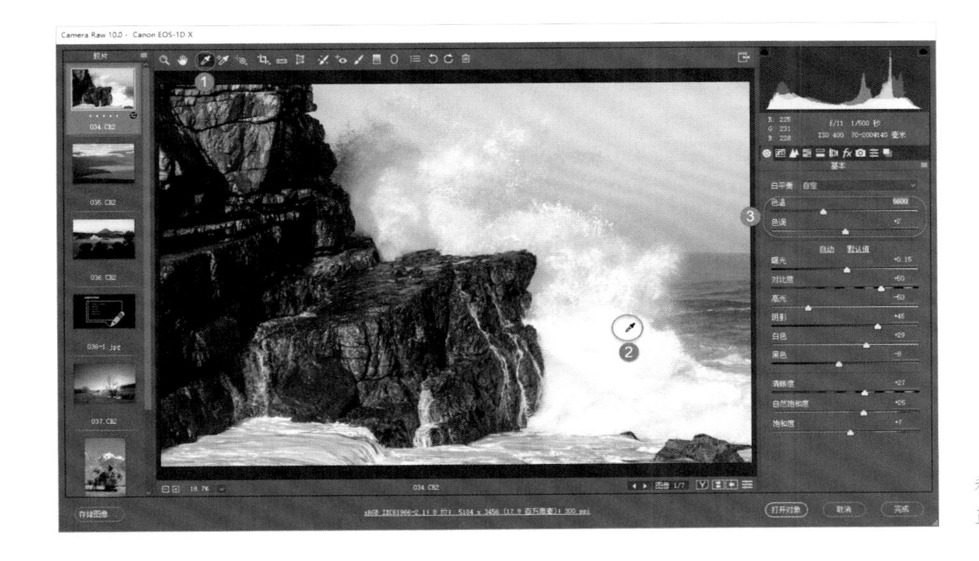

利用“白平衡工具”校正白平衡

4. 局部色彩调整

将颜色整体处理好之后，就需要强化照片的色彩。

切换到“HSL/ 灰度”面板，在色彩三要素中调整，也可以使用“目标调整工具”。对于没有经验的用户来说，使用“目标调整工具”对想要调整的颜色进行调整会更方便。

首先，选择“目标调整工具”，要将天空变蓝一点儿。在画面中单击鼠标右键，弹出快捷菜单，选择“饱和度”选项，按住鼠标左键并在蓝天区域向上或向右拖动，加强饱和度。可以看到，加强饱和度后，蓝天并不是蓝色，而是以青色为主。

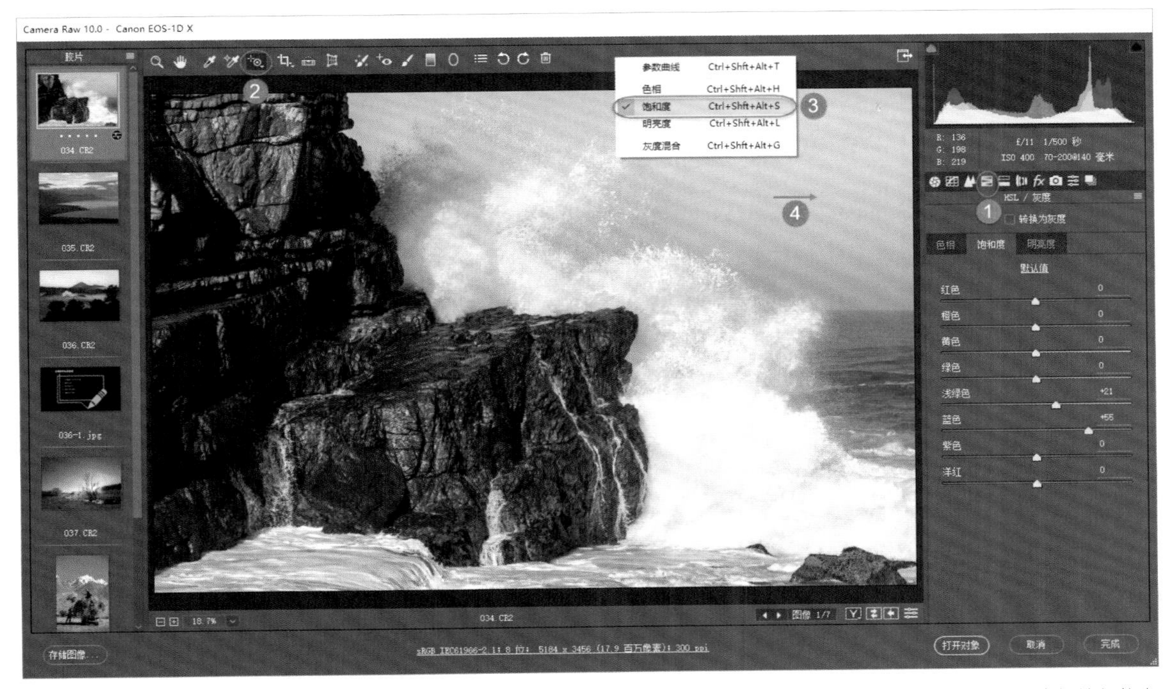

利用“目标调整工具”进行局部校色

在画面中单击鼠标右键，弹出快捷菜单，选择“色相”选项，通过调整色相改变天空的蓝。可以看到，青色的天空已经变为蓝色。

利用“目标调整工具”进行局部校色

下面，调整岩石的颜色，使岩石更有光照感，变亮一点儿。要使颜色变亮一点儿，首先在右键快捷菜单中选择“明亮度”，然后将鼠标指针置于岩石的亮色调上，按住鼠标左键并向上拖动，可以看到，光照感明显加强了。

利用“目标调整工具”进行局部校色

因为提亮了橙色的光线，因此光照感更强了，提亮之后，颜色的浓度会变淡。这时，可以再一次在右键快捷菜单中选择“饱和度”选项，将岩石颜色的饱和度调高一点儿。

利用“目标调整工具”进行局部校色

另外，也可以尝试性地选择“色相”，以改变阳光的颜色。

在调整色彩时，一般都应该调整这 3 个选项，才能使颜色满足创作者的需要。这是我们对色彩的强化。

5. 照片的锐化与降噪

下面，进行照片的锐化，切换到“细节”面板。按住键盘上的 Alt 键，拖动“蒙版”滑块，因为锐化会带来噪点，只需要锐化线条，而不需要天空也锐化出噪点。白色的区域就是需要锐化的。

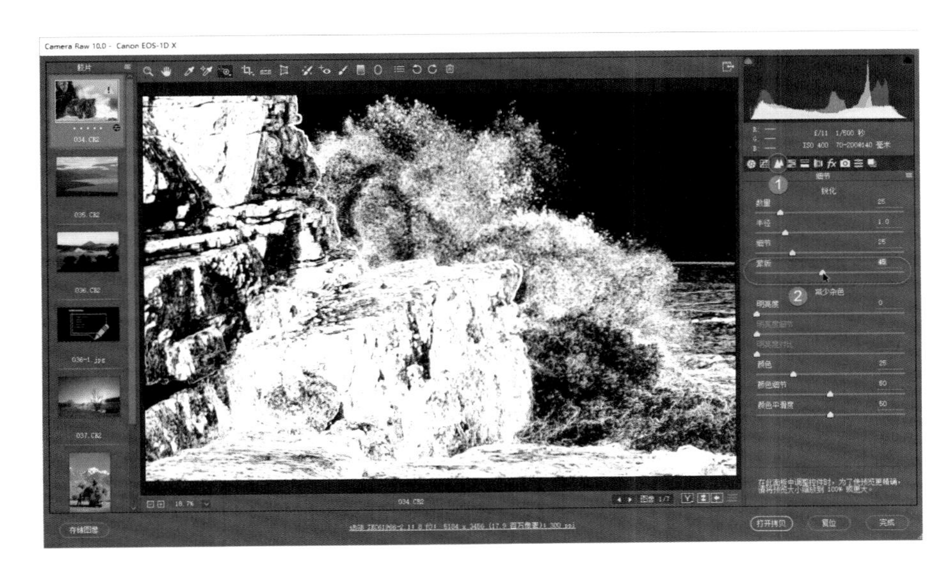

在“细节”面板中进行锐化调整

下面，调整其他 3 个参数。因为现在锐化的是线条，所以只要参数不超过 50 即可，确保仅锐化图像的边缘细节。

最终的锐化参数与画面效果

要查看最终的图片锐化效果，应在画面左下方选择 100% 的预览，才能看到照片的最终锐化效果。按住 Space 键并拖动鼠标，可以查看画面中未显示的其他区域。

另外，还可以单击画面右下角的“在‘原图 / 效果图’视图之间切换”按钮，查看处理前后的对比效果。

处理前后的效果对比

制作完成后，就可以将图片进行存储了。

总结：要调整一张图片，在调整的过程中，并不是所有的面板都会用到，但是“基本”面板、“色相 / 饱和度”面板和“细节”面板却是一般必须用到的。

9.2 案例 1：冬天的脚步近了

在胶片窗格中选中第 2 张照片。

切换到“基本”面板，单击“自动”选项，从直方图中可以看到，暗部有溢出现象，即“撞墙并起墙”了。

利用“自动”功能优化照片影调层次

适当提亮黑色，恢复暗部。此时直方图很完美，但图片并不理想。因为云彩的高光层次太亮，这时降低高光，使高光区域的层次清晰可见。稍微提升阴影，适当提亮一些暗部区域的层次。

影调层次参数的初步设定与画面效果

操作完成后，发现整个照片的反差很弱，照片很灰，因此适当增强一些对比度，当对比度增强之后，仍旧觉得画面灰雾度很大，这时需要增加清晰度，清晰度可以设置得高一点儿。

对画面细节轮廓进行优化

操作完成后，还是觉得灰雾度很大，这时进入“效果”面板，开启“去除薄雾”功能，将远景的灰雾度降低。

进行去雾调整

选择“去除薄雾”功能后，灰雾度减少了，但画面的色彩也发生了偏移。返回“基本”面板，进一步修改，并根据需要增加或减少饱和度，这张照片并不需要做出很浓郁的色彩，想做出淡雅的色调。解决照片偏蓝的问题，可以增加一些“色温”，或使用“白平衡工具”单击云彩亮度次于最亮的区域，进行自动判断。然后在这个基础上进行轻微调整。

对“基本”面板中的参数进行整体微调

下面，对污点进行修复。选择“污点去除工具”，调整直径，将画面中的污点清除干净。

修复画面污点

此时，仍旧感觉云彩的层次不够丰富。选择“画笔工具”，降低高光，保持其他参数不变，因为只想调整高光区域的纹理。为什么选择“画笔工具”呢？因为在“基本”面板中，将高光降到最低，不能再调了，但是觉得局部区域还是过亮，因此需要使用“画笔工具”，在高光区域进行轻微地调整，并不会影响暗部区域，也不会过多地影响中间调区域，它只是对高光区域进行亮度修改。

利用调整画笔修复画面局部层次

至此，这张照片就制作完成了。

可以看到，一张照片的制作都是从整体到局部的调整。在制作照片之前，首先需要有一个大概的思路，即这张照片想怎么修，如果做一步看一步，那是肯定修不好照片的。在制作之前，应该明确是想做高调或低调，还是中间调；是做鲜艳的色彩或低饱和的效果，还是做黑白效果，以及整体做哪里，局部做哪里，都需要有一个大概的想法和思路，这样才能做到心中有数。

9.3 案例 2：远眺火山口

打开下面这张照片。

打开准备好的实例照片

在“基本”面板中单击“自动”选项，可以看到，这张照片的暗部细节还原了，但是天空还是很亮，所以减少曝光。但是减少曝光后，暗部有些溢出，因此可以提亮黑色，加强对比度，减少高光和白色。但是暗部层次有些不足，继续提亮阴影，使暗部的层次丰富起来。

对影调层次进行优化

这是整体的修改，控制了反差和亮度。下面，增加清晰度和饱和度，因为风光照片还是以色彩为主，所以颜色可以适当鲜艳一点儿。

然后增强“自然饱和度”。

对细节轮廓和色彩进行优化

这些参数都调整完成后，就可以根据创作者的需要修改色温了。

这张照片并不需要还原正常的颜色，正常的颜色是白色的光线，这张照片是日出时分拍摄的，必然会覆上冷暖调，应该渲染这个冷暖调，而不是修成没有偏色的正常的白色。这时，并不需要用“吸管工具”去校准颜色，而是应用主观判断去覆上一个颜色。目前这张照片的颜色还不错，但冷色调相对比较少，因此增加蓝色，使画面有冷暖对比色。也可以适当增加洋红色，但不要太多，于是画面就有冷暖色了。

整体校正画面色彩

天空的层次还不够，因此应将天空变暗一点儿，使天空变蓝一点儿，云彩的细节变丰富一点儿，这就是局部调整了。选择“渐变滤镜”，然后想象一下，将天空调暗需要如何操作？首先，减少曝光，降低白色，其他参数不需要调整，因为目前需要使天空区域变暗。

利用“渐变滤镜”降低天空亮度

按住 Shift 键，在画面的顶部从上向下拉出一条渐变，使渐变不歪斜。渐变拉得越长，过渡就越自然；渐变拉得越短，过渡就越生硬。因此，在拉渐变时要根据照片的面积大小确定渐变的长短。当然，渐变也可以拉到画面外，使过渡更加自然。

此时发现天空青色太多，蓝色不足，因此修改渐变的“色温”，使它变蓝。当然，还可以继续修改亮度、对比度等。

通过改变“渐变滤镜”的参数优化渐变效果

目前，渐变做得不错，切换到“基本”面板。此时发现洋红色比较多，调整“色调”，减少一些洋红色。

微调画面整体色彩

观察画面，发现绿叶过于偏绿色，选择“目标调整工具”，在右键快捷菜单中选择“饱和度”选项，在绿叶上向左拖动，降低绿色的饱和度。

局部校色

在右键快捷菜单中选择“明亮度”选项，在绿叶上向左拖动，减少绿色的明亮度。

局部校色

下面，需要对照片进行锐化。按住 Alt 键的同时拖动“蒙版”，锐化线条，参数设置为 40 左右即可。

由于感光度不高，所以保持默认降噪即可，不需要增加它的参数值。

至此，这张照片就调整完成了。

照片锐化与降噪

最后，适当裁剪画面，使照片的构图更紧凑，呈现完美效果。

二次构图

9.4 本章总结

调整一张照片是有一个标准的工作流程的，当然这个流程的前后步骤可能略有差别，但整体来说都应该遵循一个规则，那么这个规则是什么呢？

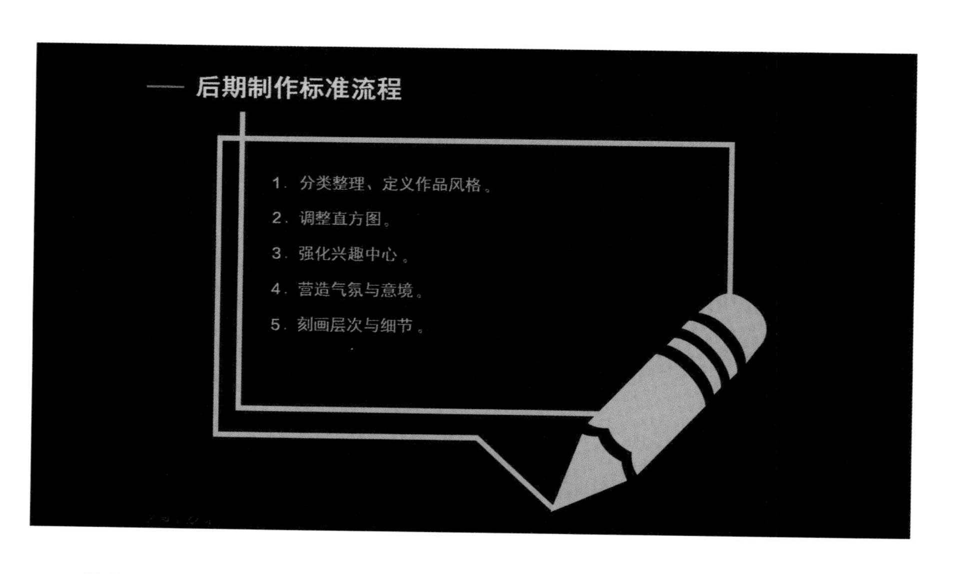

后期制作标准流程图

首先，进行照片的分类与整理，将同样的照片放到一个文件夹中，利用全选功能批量修改所有的照片，得到快速而统一的效果。除了照片分类，还要定义作品的风格，也就是说，一张照片或一组照片，要制作成哪种创意风格或哪种色调、影调，要心中有数。

第 2 步，调整直方图。掌握了这些要领之后，要对照片进行亮度的调整。调整直方图，就是要将照片的反差、亮度调到合适为止。调整直方图的过程就是控制照片的亮度、对比度的过程，将照片的直方图控制到“撞墙不起墙”的状态，才是最完美的，当然这里指的是常规的照片，不是那种有特别创意的不需要高光和暗部细节的照片，但是大部分照片都可能需要高光和暗部的细节，所以直方图应做到“撞墙不起墙”。

第 3 步，强化兴趣中心。通过影调、亮度、渐变、画笔等一系列控制来使主体更加突出，将照片做到一个高品质的状态。

第 4 步，营造画面的氛围与意境。例如，要做色彩、做暗角、做 HDR，或者做高清晰度或柔焦的意境。

第 5 步，进一步刻画照片的细节和层次。

以上就是一个标准的工作流程。依据这个流程去修图，会将照片控制得细节更加满意，效果更加理想。

通过这些案例，大家可以大致掌握一张照片的标准制作流程。现在所做的照片都没有太大的难度，都只是简单将色彩、细节、影调轻微地还原一下。其实大部分照片都只需要做这些效果，所以本书主要讲解 ACR 的实战。通过 ACR，不进入 Photoshop 来调整图像。通过 ACR 集成的工具，快速调整图像。将 Photoshop 暂时放弃，因为在 ACR 中调整图像是那么轻松，这些工具都集成在面板中了，不需要像 Photoshop 中反复调用各个工具来实现某一个效果，在 ACR 中通过一个集成工具就可以调出在 Photoshop 中好多个工具所能调整出的效果。所以说，在 ACR 中调整图片更方便、快捷，最主要的是可以对原图进行最佳细节的还原和优化。

提高篇

前面的内容中，已经介绍过不同工具和命令的使用方法，但讲解并不算非常深入。其中，“渐变滤镜”与“径向渐变”是两款功能非常强大的工具，因此本章将单独对这两款工具进行深度的介绍，并通过案例进行实战讲解。

前面介绍过，这两款滤镜在 ACR 的工具栏中属于“六星级”工具，本章将对它们进行深度地了解和深入地应用。

10 不得不爱的滤镜

10.1 案例 1：盛夏的云海

打开下面这张照片。

打开新的示例照片

首先，在“基本”面板中单击“自动”选项，发现太亮了，减少曝光、高光和白色，提亮暗部和黑色，提高清晰度，对照片的细节轮廓进行优化。

这些操作都是参考直方图暗部的细节和画面整体的对比来确定照片的整个亮度。

优化影调层次与细节

调整完成后，可以看到，天空中的层次并不是特别丰富，它的亮度显然过高，所以需要使用“渐变滤镜”来进行操作。

在使用“渐变滤镜”之前，应该先复位所有的设置。选择“渐变滤镜”，在“渐变滤镜”面板的右侧，展开扩展菜单，选择“重置局部校正”选项，那么将这些参数全部复位，然后从画面上方从上向下拉出一条渐变。由于还没有对渐变进行修改，因此渐变是没有效果的。

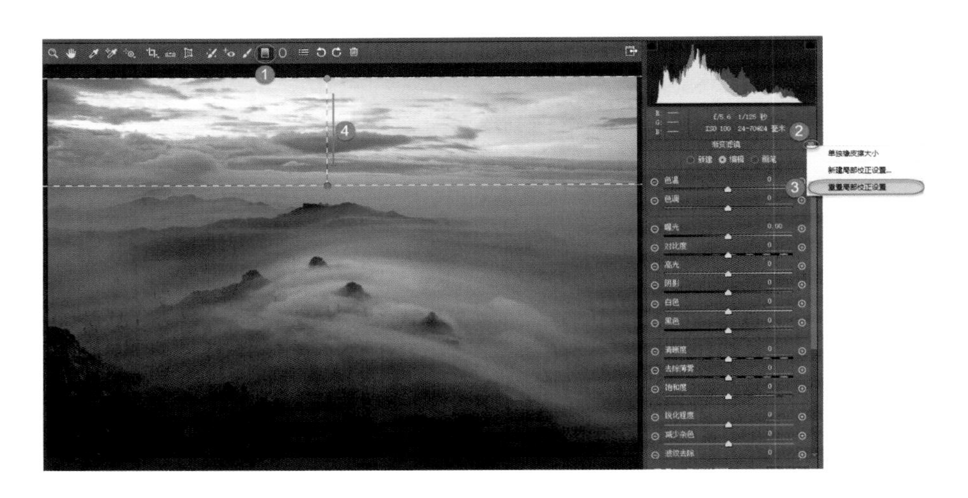
制作“渐变滤镜”

此时想压暗天空的亮度，因此降低曝光、高光。

如果想使“渐变滤镜”的效果更自然，那么可以将渐变拉出画面外，然后降低白色。

调整“渐变滤镜”的效果

这张风光照片就基本完成了。实际上在做风光摄影作品时，经常会遇到天空过亮的情况。在实际的前期拍摄中，很多摄影爱好者会使用渐变滤镜降低天空的亮度。虽然这也是一种方法，但每次要携带及安装渐变滤镜还是很麻烦的。因此如果光比不是特别大的情况下，不需要使用渐变滤镜，只需要拍摄 RAW 格式，然后在 ACR 中使用“渐变滤镜”，就可以创意性地调出中灰渐变滤镜、暖色渐变滤镜、冷色渐变滤镜的效果，可以根据需要轻松地修改色彩，十分方便。

10.2 案例 2：一米阳光

打开下面这张照片。这张照片和前面的照片有一样的问题，也是天空过亮。

打开新的示例照片

首先，在“基本”面板中单击“自动”选项，然后调整参数，优化照片效果。

优化影调层次、细节与色彩

选择“渐变滤镜”，在画面中的上方从上向下拉出一条渐变，这一次的渐变参数默认使用的是上一次调整的参数。

制作“渐变滤镜”

如果效果不够令人满意，那么可以去修改渐变参数。一般来说，使用“渐变滤镜”时应减少对比度，适当降低清晰度，包括略微去除薄雾，为什么要这样做呢？因为天空往往会受 CCD 灰尘的影响，导致天空有很多污点，或者天空被加深之后，暗角很重，天空的噪点会很多，通过“渐变滤镜”中的降低清晰度、去除薄雾及降低对比度等功能可以适当减少噪点，减少天空中的瑕疵，使天空显得更加平滑，因此经常会使用这种方法做天空的特效处理。这个“渐变滤镜”不只是做了中灰渐变滤镜的效果，还做了“中灰 + 蓝色 + 减噪点”的三合一渐变滤镜效果，在传统的照相器材中找不到能减少噪点的滤镜，也找不到能加饱和或减饱和的滤镜，这就是数码渐变的优势，所以要很好地利用“渐变滤镜”来处理风光照片中的天空、地面。

调整“渐变滤镜”的效果

10.3 案例 3：戈壁迷雾

打开下面这张照片，前面那张照片做了冷色调渐变滤镜，那么这张照片是不适合做冷色调渐变滤镜的，而是需要做暖色调渐变滤镜。

打开新的示例照片

选择“渐变滤镜”，在画面中从上向下拉出一条渐变。首先，降低天空的亮度，增加色温，降低高光、白色，降低清晰度，增加饱和度。使天空覆上了颜色，而且是暖色的。

制作并调整“渐变滤镜”的效果

如果觉得一个“渐变滤镜”不够，那么还可以新建一个“渐变滤镜”。选中“新建”单选按钮，在天空中新建一个“渐变滤镜”，这个“渐变滤镜”的参数可以修改，不需要像前面那样的浓度，可以将天空做出两个渐变效果，一浓一淡。

再次新建一个“渐变滤镜”

另外，还可以在地面上新建一个“渐变滤镜”。单击“新建”单选按钮，在画面中从下向上拉出一条渐变使地面加深。首先，在右侧的参数面板中单击“扩展”按钮，在弹出的扩展菜单中选择“重置局部校正设置”选项，将参数复位。

第 3 次制作“渐变滤镜”

然后根据需要调整参数，最终效果是使地面景物色彩及影调都要加深。

从本例中可以看到，我们可以制作很多个“渐变滤镜”，大家要活学活用，要是能学会配合画笔来使用“渐变滤镜”，那就更加强大了。

调整“渐变滤镜”的效果

10.4 案例 4：渡

打开左面这张照片。

打开新的示例照片

首先，在“基本”面板中单击“自动”选项，然后调整细节。目前天空和水面的亮度都差不多到位了。

优化照片影调层次、细节和色彩

可以看到，水平面有点歪，选择“拉直工具”，按住鼠标左键沿画面中的水平面拉出一条平行线，松开鼠标后，画面自动校正。重新裁剪一下构图，双击画面完成裁剪。

利用“拉直工具”拉直照片

此时可以看到，天空太亮，选择“渐变滤镜”，设定好参数后，在画面中从上向下拉出一条渐变。

制作“渐变滤镜”

应用这个“渐变滤镜”之后，可以看到，左上角和右上角的暗角太重，此时可以利用画笔的功能将太深的局部区域还原。单击参数面板右上角的“画笔”单选按钮，模式设定为“减去”，在相应区域涂抹，还原时可以控制浓度，“流动”越大，还原就越多，如果只想做少量的还原，可以将“流动”减小，还原那些渐变太暗的区域。

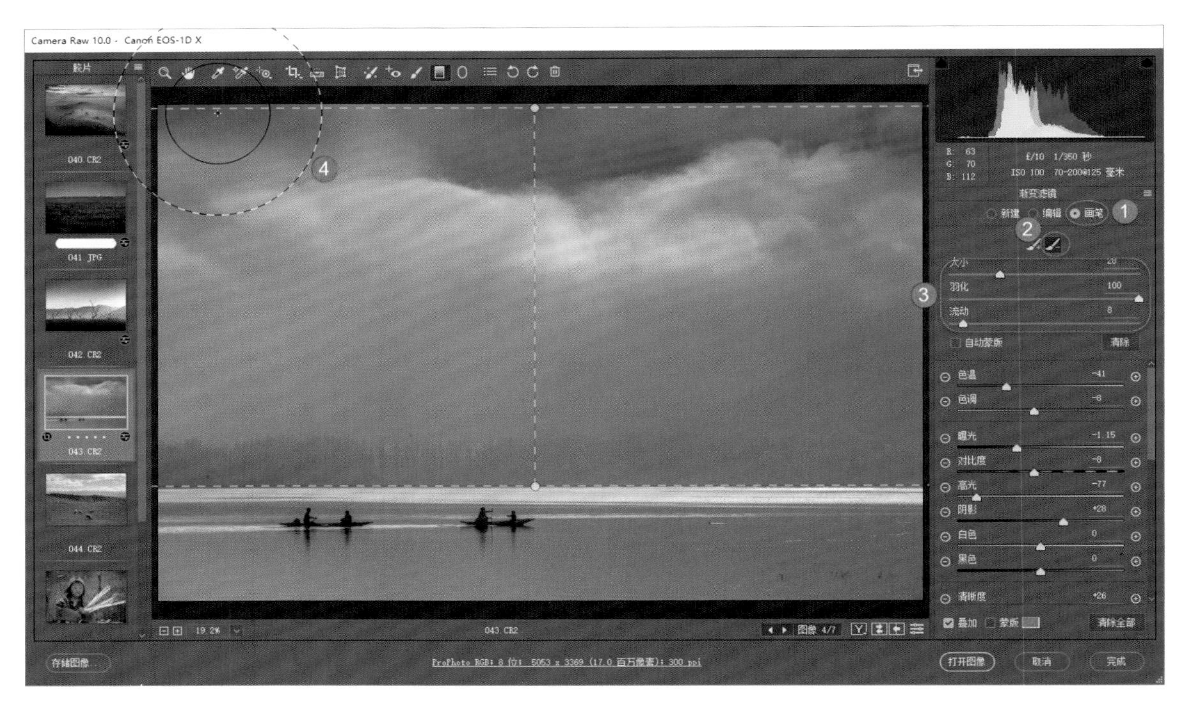

利用画笔的“减去”功能排除一些痕迹过重的局部

当某些区域渐变得不够，还可以用局部的画笔在渐变的基础上去添加。例如，如果觉得白云区域太亮，单击选中参数面板右上角的“画笔”单选按钮，模式设定为“添加”，在白云上涂抹，可以反复调整，控制画笔的大小直径，来控制渐变的效果。这就是“渐变滤镜”配合画笔的强大之处。

利用画笔的“添加”功能强化某些局部的效果

10.5 案例 5：你不知道的童年

打开下面这张照片，首先在“基本”面板中降低亮度。

打开并调整新的示例照片

然后，选择“径向滤镜”，在人物面部拉出一个径向渐变区域，降低饱和度，调整色温，增强清晰度和去除薄雾，降低高光和白色。这些操作步骤全是针对脸部的亮度进行调整。

制作面部光照效果

制作完成后，由于亮度不均匀，因此单击“画笔”单选按钮，模式为“添加”，将额头、嘴巴、脖子、手部区域提亮。

利用画笔的“添加”功能优化人物面部效果

最后，还可以调整“径向渐变”的参数，使亮度更符合创作者的需要。可以看到，这款工具非常强大，只要对照片的理解到位了，通过该工具，就能够很轻松地制作出满意的效果。

回到“基本”面板，再对照片进行色彩、亮度、细节上的还原。至此，这张照片就制作完成了。

对照片整体影调层次、细节和色彩进行优化

可以看到，这些案例基本上在一分钟之内就可以完成处理。这就是这个课程的亮点。通过最简单的工具、最少的步骤，就能够做出做满意的照片，这些照片全部都是 RAW 格式的源数据。因此，大家要学会这两个滤镜的应用，它们对影调、色调包括对照片局部的调整都是十分快速和便利的。

10.6 本章总结

在第 6 章的最后曾经介绍过，“渐变滤镜”“径向渐变”和“调整画笔”工具是非常重要而往往又被忽视的几种功能，本章介绍了“渐变滤镜”“径向渐变”的使用技巧。

通过多个具体案例的介绍可以得知，要想实现摄影作品真正的升华，对照片进行强力优化的局部调整工具是必不可少的。

在风光摄影过程中，暗角现象是非常令人讨厌的，因为暗角存在于照片中的4个角落。大多数情况下不需要这种暗角现象，但是由于相机镜头无法避免暗角，特别是使用超广角与长焦距镜头，同时配合大光圈，必然会带来更多的暗角现象。

对于这种暗角的去除，有两种方法。一种很简单，通过“镜头校正”面板中的“启用配置文件校正”功能，就可以快速去除。另外，还有一种比较顽固的暗角，即面积比较大的暗角，通过“启用配置文件校正”功能很难去除这种暗角，需要手动调整。

对于绝大多数的暗角，通过“启用配置文件校正”功能，软件都能够快速识别相机和镜头的型号，然后给予一个合理的校正文件，校正周边的进光量。如果没有得到进一步的改善，可以通过手动修改“晕影”，以控制暗角。

11 令人又爱又恨的暗角

11.1 暗角修复的方法和思路

打开下面这张照片，看一下是否能够通过“启用配置文件校正”功能纠正暗角。

打开新的示例照片

可以看到，勾选“启用配置文件校正”复选框后，暗角也得到了进一步的去除。

勾选“启用配置文件校正”复选项修复暗角

此时，可以发现有些暗角的消除效果并不算太理想，那么可以配合使用画笔调整。在工具栏中选择“画笔工具”，扩大直径，对暗角边缘进行亮度的提升，在提升之前，应重置局部校正所有设置，然后适当提亮周边暗角，这样暗角现象就会得到很明显的改善。

利用画笔完善暗角修复效果

要消除暗角，按照上述方法进行处理即可，但另外一些情况下并不需要消除暗角，反而需要暗角来渲染画面，强调视觉中心。

11.2 人为制作暗角的目的和方法

打开下面这张图片，我们对整个画面进行调整。

对照片进行影调层次和细节调整

为了使主体更加突出，人文摄影、人像摄影或非主流的创意风格经常需要使用暗角来渲染画面的气氛。通过暗角来强调画面的兴趣中心。

通常制作暗角的方法有两种，一种是使用“镜头校正”面板中的“启用配置文件校正”功能，手动控制画面的暗角现象，通过控制“数量”和“中点”来压暗四周，也可以通过“效果”面板中的“裁剪后晕影”进一步控制暗角。

利用手动晕影为照片添加暗角

可以看到，这张画面通过暗角的制作令主体更加突出了，整个视觉感染力也更加强烈了，所以处理相对比较平淡或主体不是很突出的画面，或者想要渲染画面的意境，都可以通过暗角的制作来强调画面的中心视觉点。

利用“裁剪后晕影”功能为照片添加暗角

11.3 案例 1：摆渡人

打开右面这张照片。

打开示例照片

如果勾选“去除暗角”复选框，那么暗角去除也很快，但是去除暗角的效果并没有将主体突出。

查看消除暗角的画面效果

如果需要去强化主体，可以人为地制作暗角。暗角制作的范围是有限的，如果通过“效果”面板中的“裁剪后晕影”可以制作更为强烈的暗角。

利用“裁剪后晕影”功能制作暗角

暗角制作完成后，还可以改变画面的色彩，营造不一样的艺术气氛。

对照片进行影调层次和色彩的微调

调整完成后，仍然可以对暗角进行修改。最终实现更好的效果。

再次调整暗角效果

11.4 案例 2：湖上渔人

上述所介绍的是一种主体在画面中间的暗角制作的方法。若主体不在中间，如下面这张照片，制作暗角就不能使用“效果”中的“裁剪后晕影”功能制作了。

打开并分析示例照片

首先，将倾斜的水平面校正。在工具栏中选择“拉直工具”，然后按住鼠标左键沿画面中的水平线方向拉出一条直线，松开鼠标后，画面就得到了校正。

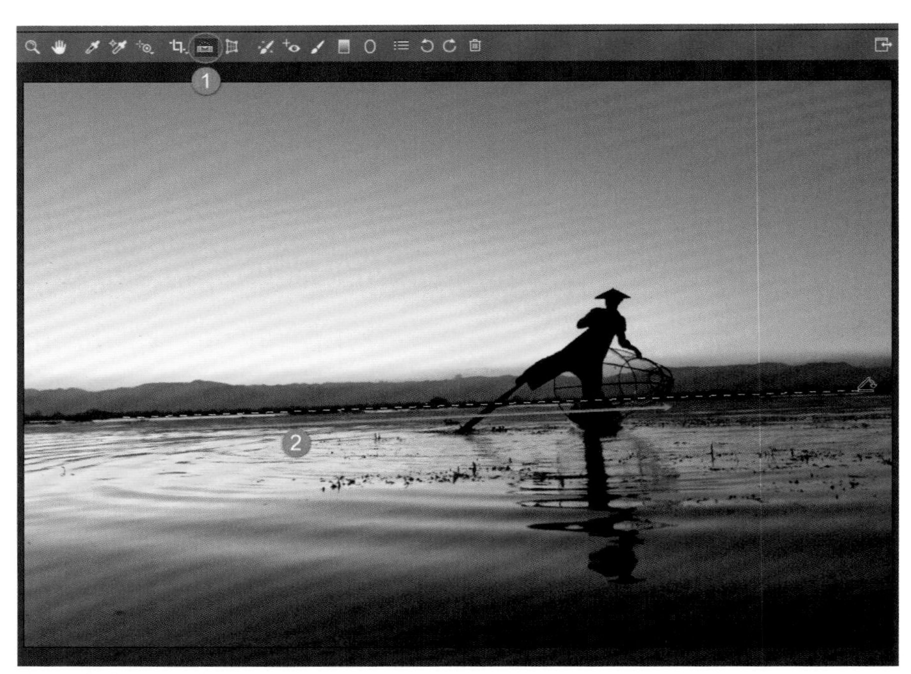

利用“拉直工具”进行水平校正

由于主体人物不在画面中间，如果直接使用晕影工具，可以看到暗角效果是不理想的。这种照片要制作暗角，应该使用的 ACR 主界面上方工具栏中的“径向渐变”。

选择“径向渐变”，在人物周边拖动拉出一个径向渐变区域，在参数面板底部选择调整范围为外部，降低曝光值，可以轻松制作出一个非常自然的暗角。

利用“径向渐变”制作暗角

利用“径向渐变”来制作滤镜，效果更好，可以制作圆形的或椭圆形的，大一些的或小一些的暗角，使用非常方便，效果很理想。

11.5 本章总结

之所以说暗角令人又爱又恨，是因为一般的暗角会破坏照片画质，使画面的亮度变得不够均匀，消除暗角后可以使画面效果变得更加理想。但实际上，所有的摄影后期不会是一成不变的，用户要根据照片的实际情况，对暗角进行消除或强化。有时强化和人为制作暗角，可以对照片的主体起到很好的强化作用，并且可以使画面的影调层次变得更加丰富。

至于是选择消除暗角，还是要人为制作或强化暗角，就需要用户根据具体的照片进行判断，并没有特别普遍的规律。

本章将介绍制作高品质全景图与 HDR 效果的思路和技巧。

使用超广角镜头可以得到更大视角的画面，拍摄风光题材或是在狭小场景内拍摄时非
有用。但即便是使用超广的鱼眼镜头，也可能无法得到足够大的视角，并且超广焦距
存在非常严重的几何畸变，使照片失真。利用全景接片功能，则可以很好地解决这一问题
能够兼顾视角和画面效果需求。

相机的宽容度有限，所以在确保高光曝光准确的同时，无法确保暗部能够有充足的曝
量；反之，确保暗部曝光正常时，亮部又会曝光过度。而 HDR 合成这种技术存在的
义便是解决相机无法实现完美曝光的这一问题。

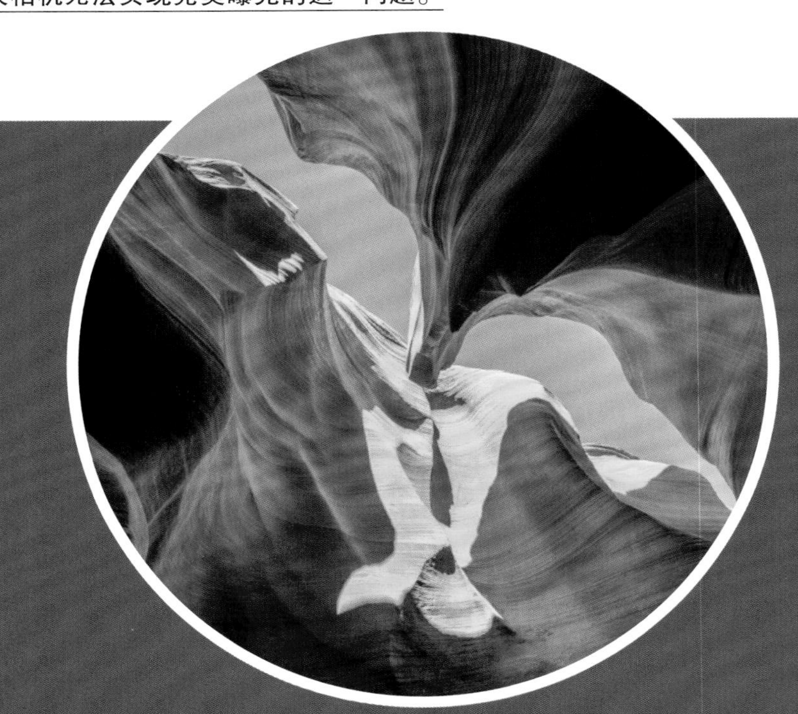

12 制作高品质的全景图与 HDR

12.1 高品质 HDR 全影调照片

这里有 3 张在美国羚羊谷拍摄的同一视角不同曝光值的照片，第 1 张是标准曝光，第 2 张是低曝光值照片（−2EV），第 3 张是过曝照片（+2EV）。下面，使用这 3 张不同曝光值的照片，来制作一张全动态范围的完美曝光效果照片。在这种大光比场景中，一次性拍摄，即便使用 RAW 格式，也不能完全呈现最亮和最暗的所有细节，这是由相机自身的缺点限定的。因此，必须采用多张不同曝光值的照片，进行合成，这也就是所谓的全影调，也称为 HDR 照片。

拍摄这 3 张照片时，并没有使用三脚架固定视角，但由于采用了高速连拍，开启包围曝光，参数为 −2EV、0EV 和 +2EV，这样连拍就会得到 3 张不同曝光值的照片。

选中这 3 张照片，拖入 Photoshop，因为照片是 RAW 格式，所以会自动载入 ACR 中。在左侧的胶片窗格就可以看到 3 张照片的列表。此时没有必要对照片进行任何的调整，单击列表右上角的下拉列表，在列表中选择“全选”，可以直接全选这 3 张照片。

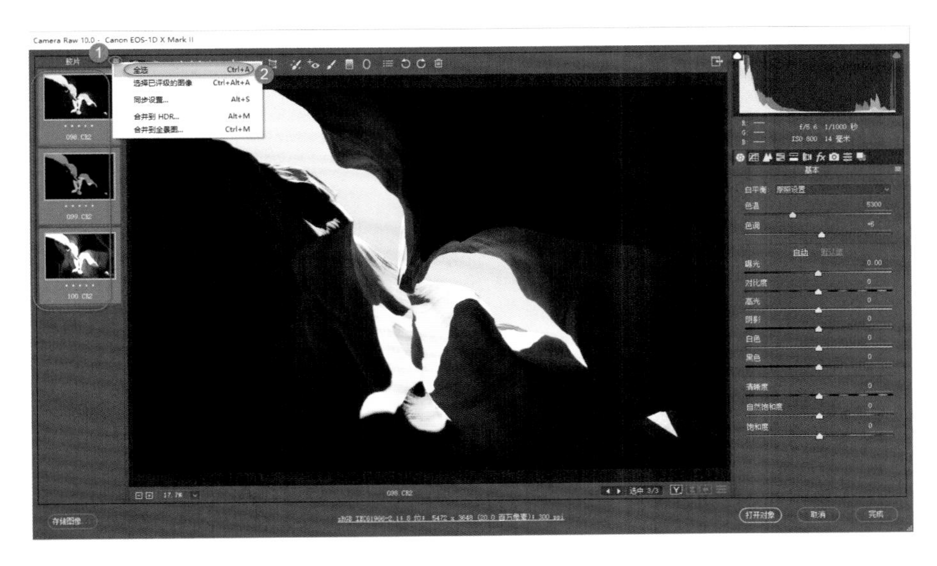

全选要进行 HDR 合成的素材

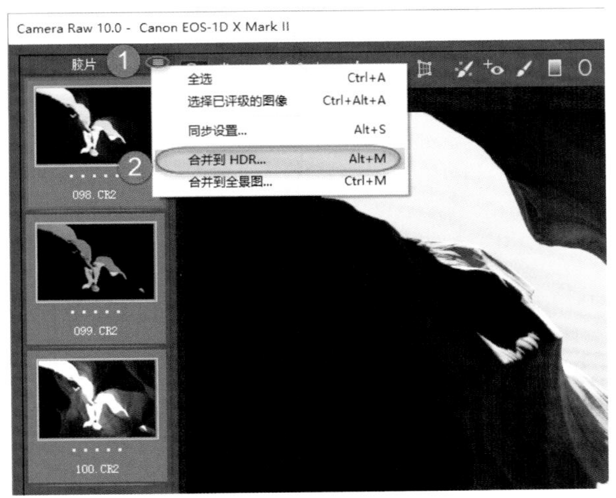

再次打开下拉列表，在其中选择“合并到 HDR…”，这时软件会自动快速地将 3 张照片合成为一张。合成的效果是这样的：取高曝光值照片的暗部，取标准曝光照片的中间调区域，取低曝光值的亮部。

执行“合并到 HDR…”命令

合成完毕后，会新载入一个名为“HDR 合并预览”的界面，在右上角可以看到，默认勾选了“对齐图像”和“自动色调”这两个复选项。对齐图像是指对齐 3 张不同照片之间的一些轻微位移，勾选了这个复选项后，那么拍摄时没有使用三脚架的这 3 张有轻微视角差别的照片，也被对齐了。要注意的是，这种对齐只能针对的是错位很小的照片，如果错位幅度太大，是没有办法对齐的。

自动色调是指由软件自动混合这 3 张照片的亮度，生成一张影调和色彩过渡都非常平滑的照片。

消除重影，是针对照片中存在运动对象的图像，3 张照片中的运动对象肯定产生了位移，设定一定的消除重影级别，可以消除这种位移，使运动对象只保留下清晰的图像。

HDR 合并预览窗口

等待一段时间，待照片上方的小三角消失后，单击“合并”按钮，将合并后的源文件（.DNG 格式）保存。这种格式与佳能的 CR2、尼康的 NEF 格式相同，是 Adobe 公司推出的 RAW 格式。

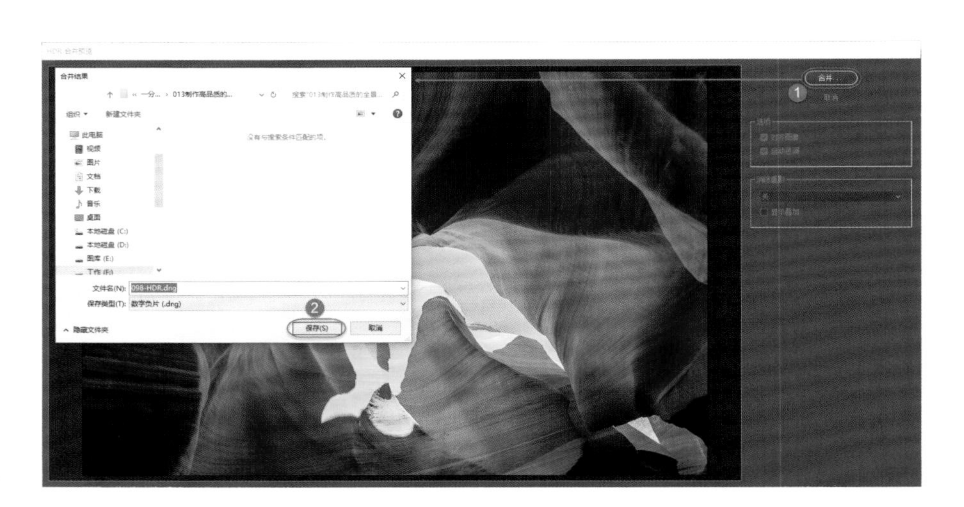

保存合并后新生成的 .DNG 格式原文件

再次等待一段时间，合成之后的.DNG格式就会载入ACR主界面。下面，可以再次对合成后的效果进行影调和色彩的微调，这样就得到了一张效果很完美的HDR照片。这便是HDR照片的快速合成技巧，以后再次遇到这种大光比的场景时，就可以采用包围曝光的方式，得到原始素材，最后再进行HDR合成即可。如果摄影者没有带三脚架，那么可以将相机设定为高速自拍，保持连拍时的稳定性，快速得到需要的素材。

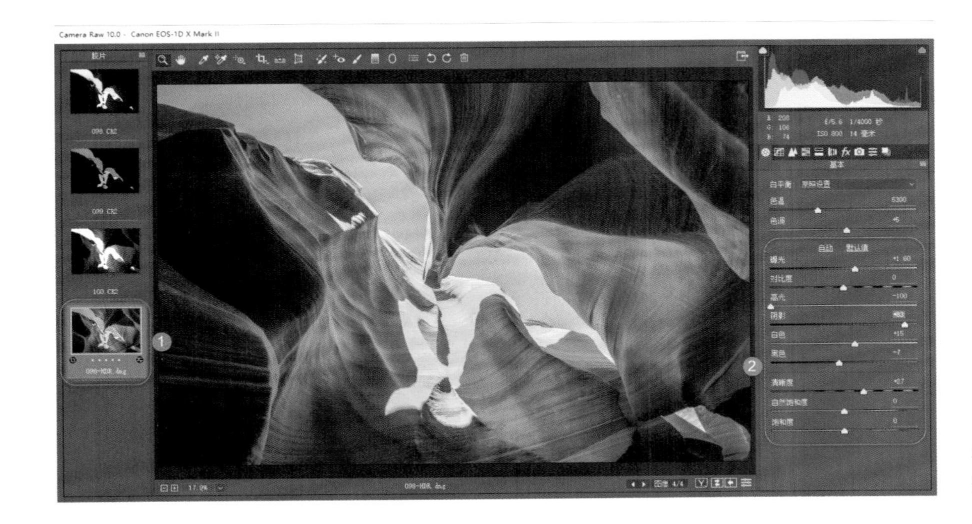

微调合成后的HDR全影调照片，得到最终画面

12.2 全景图的制作技巧

下面，来学习全景图合成的技巧。将准备好的星空素材图全选中，同时载入到ACR中。

在拍摄这些素材时有几个要求：最好照片之间有30%左右的重合量；多张照片在同一水平线上；照片的对焦位置相同（最好是固定在某个位置手动对焦）；多张照片有相同的曝光度。

将星空素材都载入ACR

照片载入 ACR 后，先不要做任何调整，全选这些照片。再次展开下拉列表，在其中选择“合并到全景图…”。另外，也可以在全选照片后单击右键，在弹出的菜单中也有同样的选项。

全选素材，并执行“合并到全景图…”命令

此时照片会进行全景图的合并操作，初步合成完毕后，会弹出“全景合并预览”界面，在该界面中有球面、圆柱和透视这 3 个选项。一般来说，采用默认的球面或圆柱均可，而透视则是针对使用超广角镜头拍摄的素材进行合并。

全景合并预览界面

勾选“自动裁剪”复选项，可以裁掉多余的空白区域；而如果勾选“边界变形”复选项，则可以自动扭曲边界，用以填充空白区域。处理非建筑类题材时，建议不要勾选“自动裁剪”，而是直接将边界变形拖动到最大值，这样可以得到更大视角的全景图。

处理完毕后，单击“合并”按钮，将合并后的 .DNG 格式文件保存起来。

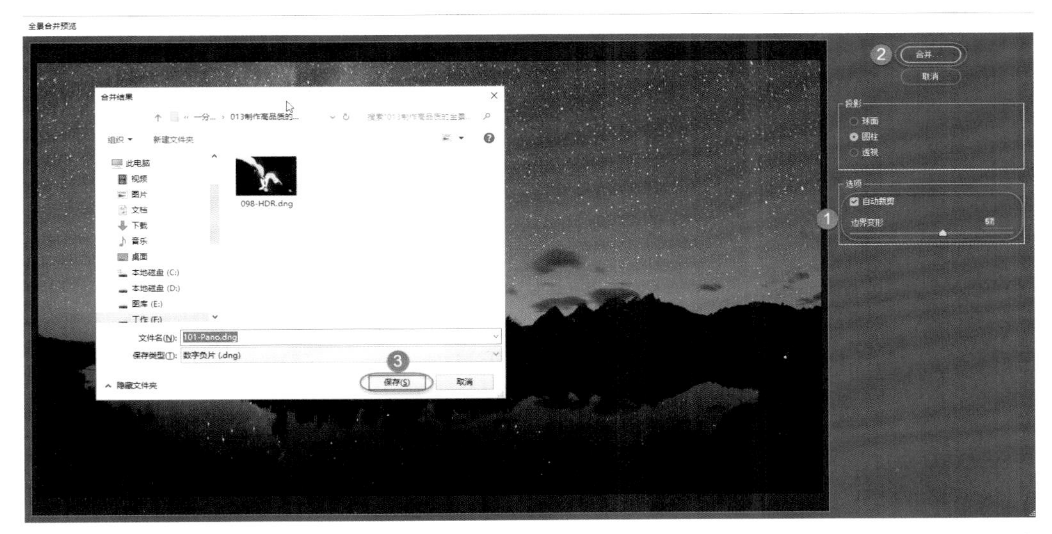

保存合成后的 .DNG 原文件

单击“保存”按钮后，仍然会回到 ACR 主界面，可以对合成后的效果进行处理。这种利用 RAW 格式进行的合成，会拥有极为完整的原始数据，能够保留非常多的细节。调整照片的影调层次和细节：降低高光，提亮阴影和黑色，提高清晰度值，提高饱和度值。

对合成后的效果进行整体调整

一般对于星空来说，适当降低色温，加一点儿蓝色，会使画面显得更通透。然后还可以根据照片的实际状态，对照片的局部进行优化。至此，最终照片合成完毕。

12.3 多层接片的全景图制作

有时摄影者会由于镜头焦距不足而无法得到超大视角的画面。使用接片可以解决这个问题，前面介绍的是采用横向多张接片的方式，得到了更大的视角。以下介绍另外一种技巧，针对场景上下跨度很大的场景时，可以拍摄多行素材，最终进行合成。比如，最上方一行拍摄横向多张照片；再端平相机拍摄多张可以进行横向接片的素材；最后再下压镜头朝向，拍摄多张可以接片的素材。简单来说，就是三层接片。

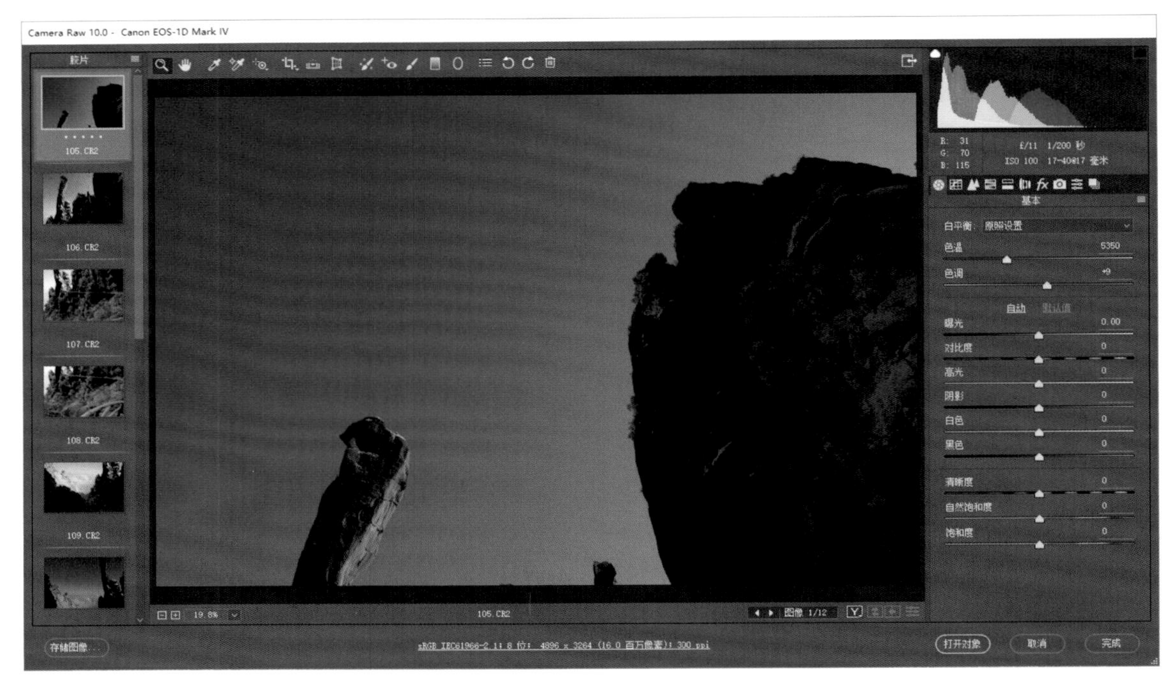

将素材载入 ACR

将照片全选中后，载入到 ACR 中。全选这些照片，单击右键，在弹出的菜单中选择“合并到全景图”，软件自动开始合并。在合并的预览界面中可以看到，如果是圆柱形合并，效果很差，改为球面类型的合并则效果好了很多。

“全景合并预览”界面

将边界变形的参数值提到最高，可以恢复出更多的边界区域，画面的视角会更大。

单击“合并”按钮，在弹出的对话框中单击“保存”按钮，将.DNG格式文件保存。

保存生成的.DNG原文件

回到ACR主界面后，在其中等待一段时间，当合成界面右上角的三角标记消失后，即可对照片进行进一步的优化。

提高对比度，降低高光值，提亮阴影，提高清晰度值强化细节轮廓，稍稍提高饱和度，于是照片的效果就会好很多。

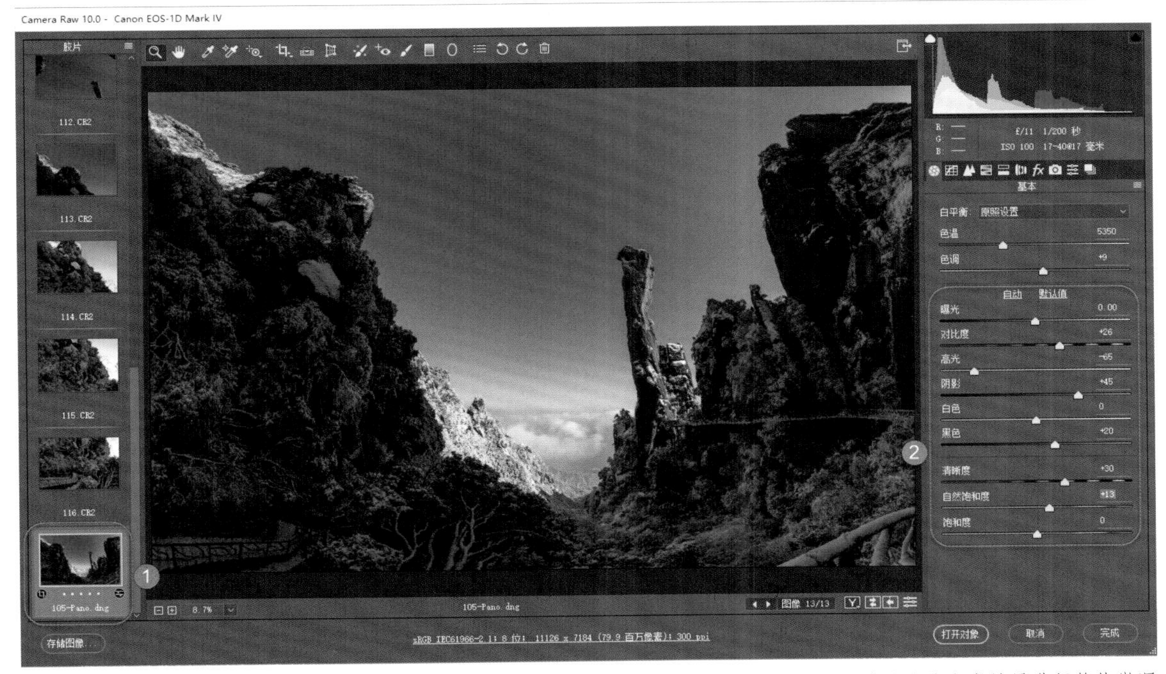

对最后的合成效果进行整体微调

12.4 人文类全景图的制作

下面，再来看另外一组照片，即人文全景图的合成。

这两张素材是笔者在缅甸一座寺庙里拍摄的佛龛，由于空间很狭窄，所以左侧拍摄了一张，右侧同样拍摄了一张，才得以将整个场景拍全。

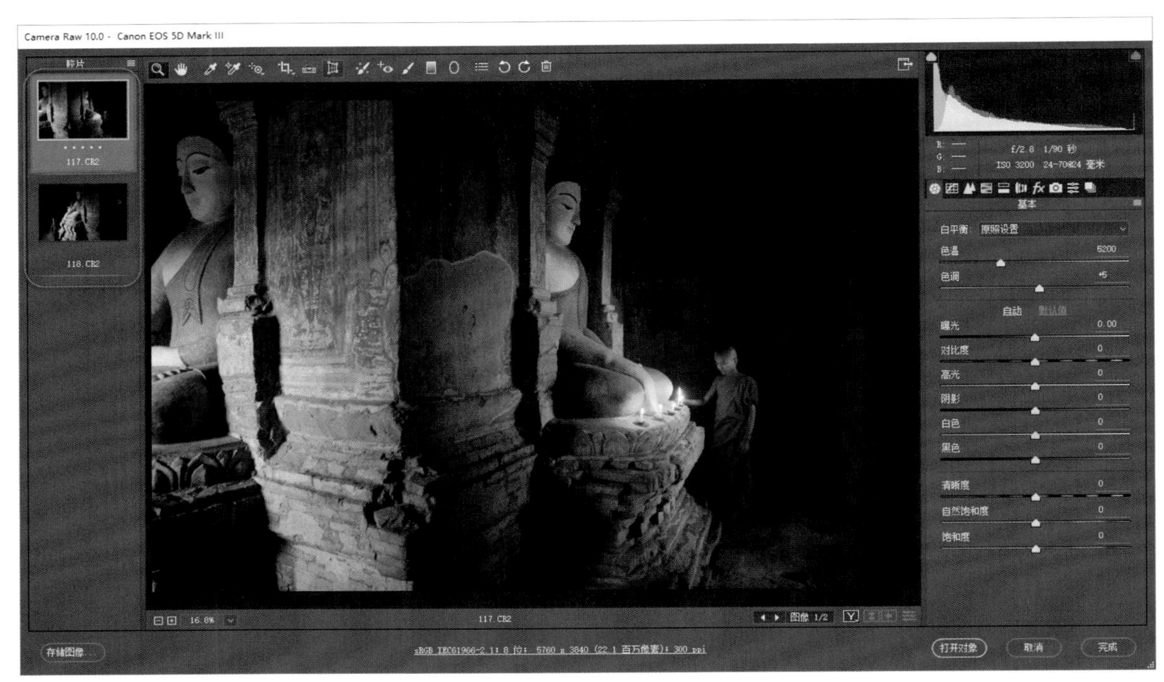

载入素材照片

将两张照片载入 ACR 中，全选这两张照片，单击右键，在弹出的菜单中选择“合并到全景图”，然后进入“全景合并预览”界面。

全景合并预览界面

提高边界变形的数值，恢复出更多的画面视角，当然要确保人物等不会产生较大的变形。最后单击“合并”按钮，打开“合并结果”对话框，单击“保存”按钮，将生成的.DNG 格式文件保存起来。

保存新生成的.DNG 原文件

此时，会回到 ACR 主界面中，可以对照片的亮度层次和细节进行优化，最终得到更大视角的完美照片。

整体调整参数，优化画面效果

12.5 本章总结

早期的 ACR 版本没有 HDR 和全景接片功能，或是接片功能不够强大。因此要实现这两种后期处理的操作，需要在 Photoshop 主界面中间进行，但从实际处理效果来看，效果并不算特别理想。随着 ACR 功能的逐渐强大，能够在这款增效工具中实现非常完美的全景接片和 HDR 合成效果。

同时，针对 RAW 格式原始文件进行的接片或合成，能够最大限度上保留原始文件的完整细节，得到高品质的照片效果。

对于摄影后期，影调、色调及画质的调修必不可少，但是使照片最终实现升华的关键步骤，却是局部影调的控制。事实上，绝大多数照片都需要对局部影调进行调整和优化，这样才能提炼主体，使其更加突出、醒目，对主题起到很好的强化作用。

ACR 中调整画笔是理想的局部影调优化工具。

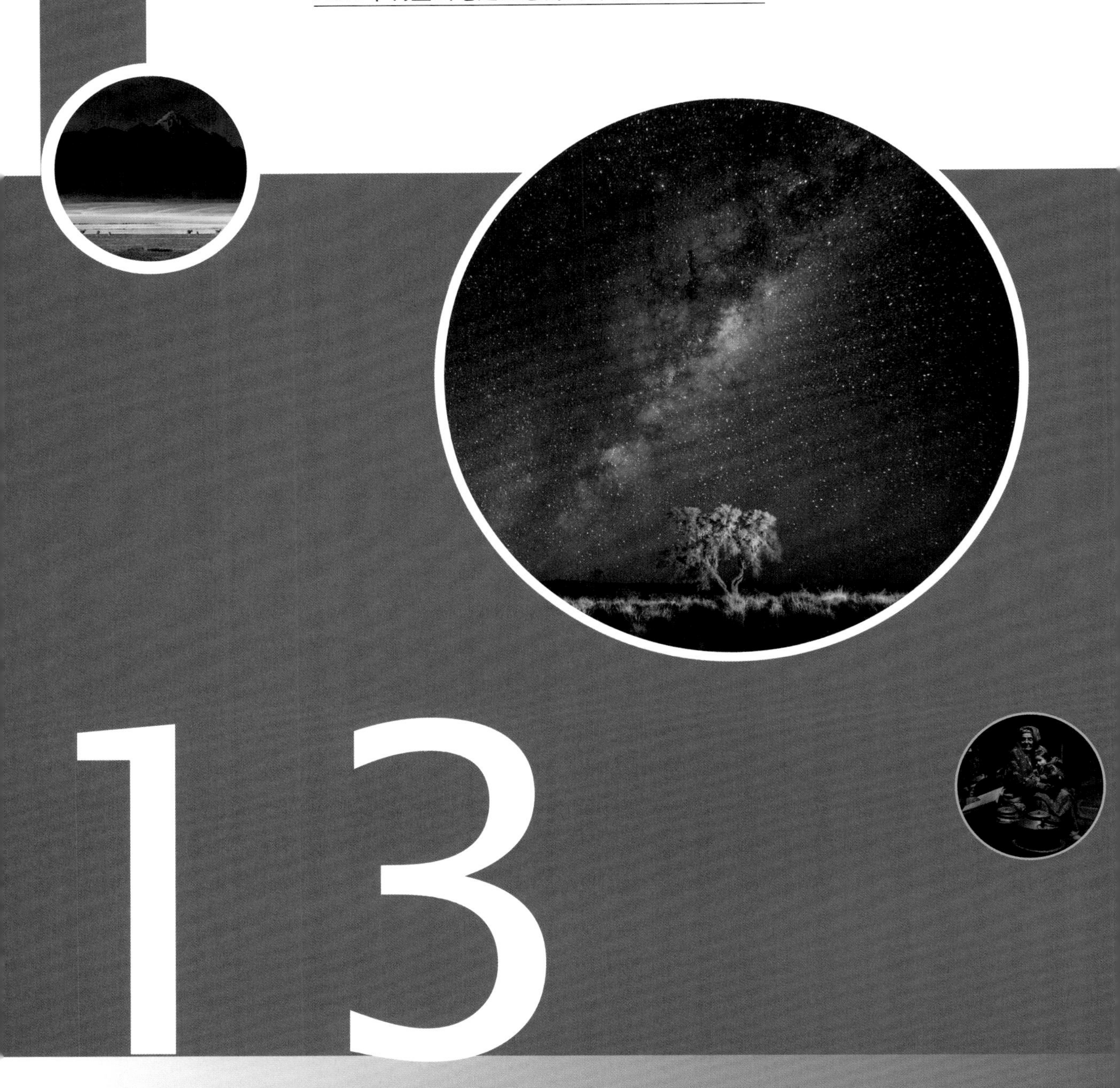

13 控制局部影调的神来之笔

13.1 案例 1：一个冬天的夜晚

原图

效果图

打开准备好的素材照片，选中第 2 张。

打开新的示例照片

选择“调整画笔”工具，在参数面板右上方打开下拉列表，在其中选择“降低亮部”预设，调整合适的画笔直径大小，就可以在人物之外要变暗的区域进行涂抹，可以轻松地将过亮的环境调暗，只保留足够亮的主体人物部分，实现了凸显主体人物。

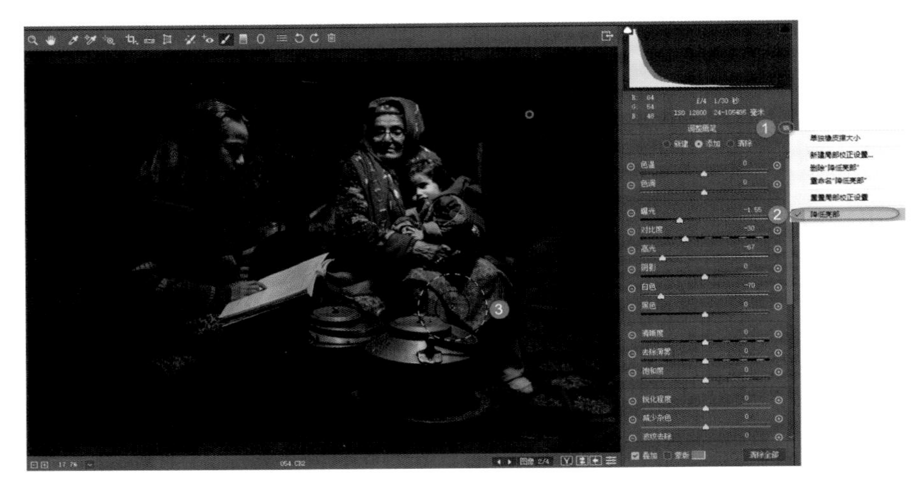

调用预设进行涂抹

由此可见，为“调整画笔”工具建立预设是非常重要的，可以节省选择画笔后再次调整参数的时间，提高工作效率。

如果要使照片中小孩子的面部也降低亮度，那么依然可以使用这支画笔工具，但为了避免亮度降低幅度过大，可以在参数面板底部降低画笔的流量，稍微降低目标区域的亮度。

13.2 案例 2：银河

原图

效果图

选中第 3 张照片，先对照片进行影调层次和细节的优化。提高对比度，降低高光值，提亮阴影，稍稍提亮黑色，这样可以使影调层次得到优化。

提高清晰度的参数值，强化画面细节轮廓，使画面的细节看起来更加丰富。

降低色温值，使夜景星空画面更通透一些。适当提高饱和度，使画面色彩感更强。

对示例照片进行整体影调、细节和色彩的调整

在工具栏中选择“污点修复画笔工具”，设定合适的画笔直径大小，在画面右下角，将远处的灯光修掉。只要使用“污点修复画笔工具”在灯光上涂抹，软件就会智能地进行判断，依照灯光周边区域来填充灯光部分，将其修掉。

使用“污点修复画笔工具”进行涂抹

此时的地平线有些倾斜，可以在工具栏中选择“拉直工具”，沿着地平线从左向右拖动，将地平线校正水平。

利用“拉直工具”校正地平线

下面，对照片中的局部区域进行亮部的提升。

仍旧选择“调整画笔”工具，在参数面板右上角打开下拉列表，在其中选择“重置局部校正设置”命令，可以将所有参数都清零。然后再重新设定参数，提高白色、高光和曝光值，轻微提高对比度值。偏暗区域的提亮，一般都要做这几项设定。

在想要提亮的位置进行涂抹，先对地面草地的上方进行涂抹。如果感觉效果不够强烈，还可以继续在参数面板中提高曝光值，增加白色。如果调整画笔的流量偏低，会使提亮效果不明显，可以增大流量使涂抹效果更明显。

利用“调整画笔”工具对一些偏暗的局部进行提亮

缩小调整画笔的直径，对树木部分进行涂抹，将其提亮。

对一些较小的区域进行涂抹提亮

因为大部分偏暗区域的提亮都需要使用当前的参数设定，所以可以将这组参数也设为预设值。按照前面的方法，将预设命名为“提亮暗部”，然后单击“确定”按钮，完成预设的制作。

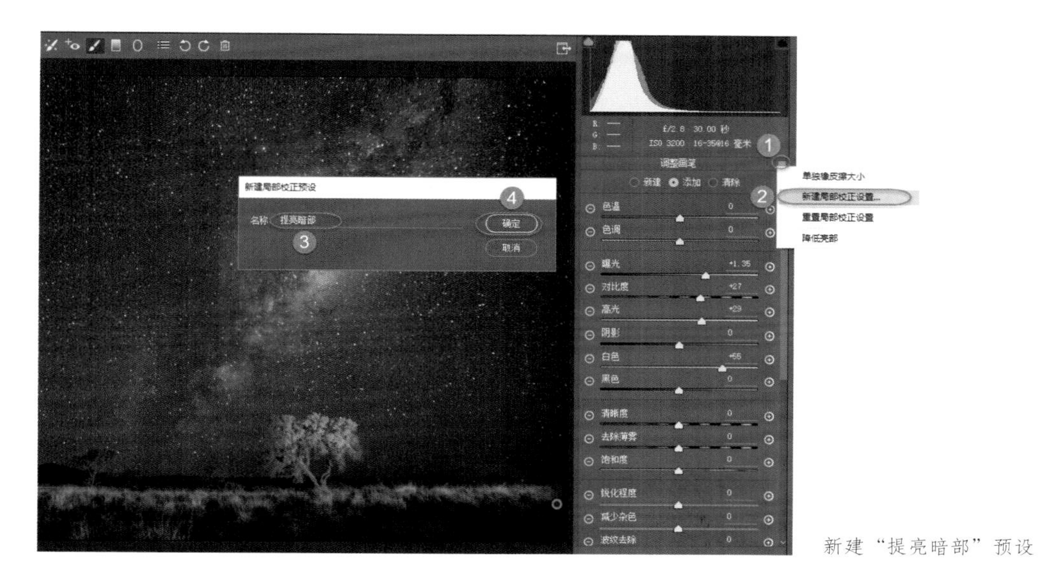

新建“提亮暗部”预设

对其他想要提亮局部的画面，也可以使用制作好的预设。

13.3 案例 3：藏地风情

原图

效果图

选中第 4 张照片，先降低曝光值，使照片的亮度降下来；提高对比度值，使画面的影调层次不会太单调；提高清晰度值，强化画面边缘轮廓，丰富照片细节。

对示例照片进行整体影调和细节的优化

选择“调整画笔”工具，在参数设定面部的右上角打开下拉列表，在其中选择前面制作的“提亮暗部”预设。

调用“提亮暗部”预设

设定合适的画笔直径大小，在画面中地面部分的动物区域进行涂抹，将这些区域提亮。

如果提亮的程度不够，可以再次新建一个“调整画笔”工具，继续调用“提亮暗部”预设，在需要提亮的位置再次涂抹。

使用预设将重要的前景部分提亮

如果有些局部提得过亮，可以在参数面板右上角单击“清除”单选按钮，在过亮的位置进行涂抹，就可以使过亮的区域恢复。

如果有些局部亮度不够，也可以在面板右上角单击“添加”单选按钮，在这些位置涂抹，继续提亮。最终得到完美的照片效果。

继续涂抹，提亮另外一些局部区域

13.4 本章总结

“调整画笔”工具的参数面板有非常多的可调参数，表示这种工具的功能是非常强大的，它可以调整目标区域的影调层次、细节信息、通透度、色彩浓郁程度及色温值等。

在 Photoshop 中对某张照片进行局部调整，可能会比较麻烦，而在 ACR 中只要使用“调整画笔”工具这一款工具就可以了。由此可以知道，这款工具是非常强大的。另外，本章还介绍了预设相关的技巧，通过建立预设，可以使后期处理工作更加简单，进一步提高了修片效率。

在 ACR 中，利用分离色调功能，可以对照片的高光和暗部进行分离，使用户分别对高光和暗部渲染上不同的色调，以营造出更优美的色彩层次和效果。本章将介绍控制分离色调的思路与技巧。

14 轻松控制分离色调

14.1 案例 1：冬日暖阳

原图

效果图

直接对原图进行色调分离调整

选中第 1 张照片，在 ACR 中切换到第 5 个面板，也就是“色调分离”面板。直接对照片进行色调分离的调整，可以看到效果并不理想，因为原图整体影调不好。进行色调分离调整，要求照片有足够的明暗反差。

对照进行层次及细节的优化

回到“基本”面板，对照片影调进行压暗处理，降低曝光值、高光和白色，轻微提亮阴影，这时可以看到画面色彩效果变得好了一些。这是因为经过调整，照片有了足够的明暗反差，更容易区分照片的明暗层次，使亮部渲染上暖色调，暗部渲染上冷色调。

从这个角度来说，日出日落逆光拍摄的高反差照片，更适合进行色调分离的色彩渲染。

回到“色调分离”面板。先将高光和阴影区域色彩渲染的饱和度提得很高，然后拖动“色相”滑块，以便观察色彩渲染的效果。

再次对照片进行分离色调的调整

为高光和阴影区域渲染上合适的色彩之后，再降低饱和度，避免渲染的色彩饱和度过高而使照片显得失真。

下面，调整中间的“平衡”滑块，来分配为照片渲染的冷暖色比例。

调整平衡

回到“基本”面板，对照片的色温和色调进行微调，使照片的色彩倾向发生变化。

再调整照片整体的饱和度及自然饱和度，使整体的色彩更加浓郁、协调。

对照片整体的层次、细节和色彩进行优化

14.2 案例 2：雪山霞云

原图

效果图

对照片的影调层次进行优化

单击切换到第 2 张照片。这张照片同样适合进行色调分离的优化。

但在进行色调分离之前，我们可以先对照片的影调层次进行优化，强化画面的反差。具体而言，即提高对比度、降低高光、提亮阴影、适当降低曝光。

为天空制作用于压暗的“渐变滤镜”

在工具栏中选择“渐变滤镜”，在参数面板右上角打开下拉列表，在其中选择“重置局部校正设置”命令，将“渐变滤镜”的所有参数都清零。然后再设定降低曝光值，降低高光和白色，然后轻微降低色温值，由照片上边缘向下制作“渐变滤镜”，使天空影调变暗，有更丰富的层次，并可以使蓝色更浓郁。

切换到“色调分离”面板，将高光色相定位到红黄色附近，提高饱和度，可以看到天空的亮部渲染上了暖色调。将地面的阴影部分色相定位到青蓝色的冷色调位置，再提高饱和度，可以看到地面部分渲染上了冷色调。

拖动“平衡”滑块，调整冷色和暖色的比例。

为照片进行分离色调的渲染

回到“基本”面板，调整照片整体的色温、色调、饱和度及自然饱和度，优化画面的整体色彩。

对照片进行整体影调层次、细节和色彩的优化

此外，还可以根据实际情况，切换到“HSL/ 灰度”面板，然后选择“目标调整工具”，在照片中一些色彩不合理的位置按住鼠标左键并拖动，改变这些局部色彩的色相、饱和度和明亮度，优化画面色彩。

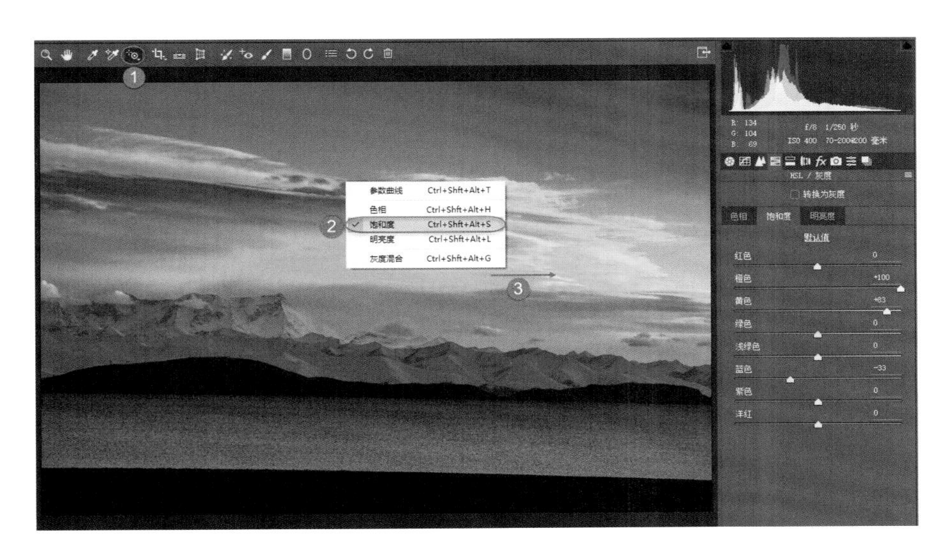

提高霞云饱和度

另外，还可以使用“调整画笔”工具对照片的某些局部进行单独的影调及色调调整。本例中，选择“调整画笔”工具，提高色温和色调值，将其他参数都清零，然后在山峰部分进行涂抹，使这部分的色调变暖，使天空到地面部分的色彩过渡更平滑、自然。

如果使用一个“调整画笔”工具仍然无法将山峰部分调暖，那么可以再次新建一个“调整画笔”工具，再次进行涂抹，使整个雪山部分色彩变暖，于是由天空霞云到水面的色彩过渡就非常平滑、自然了。

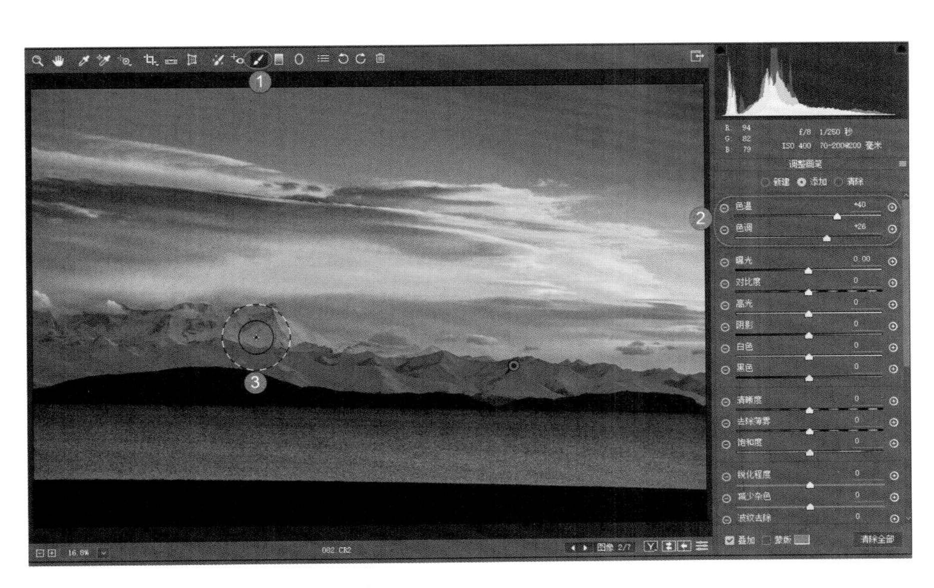

改变雪山部分的色彩

在工具栏中选择“拉直工具”，沿着水面远处的水平线进行拉直，对照片进行水平校正。

校正照片水平

这张照片，天空上方空白区域的比例太大，因此可以适当裁剪掉一些，使画面构图更加紧凑。

裁剪画面，使构图更紧凑

可以看到，通过色调分离、HSL/灰度和“调整画笔”工具的使用，使照片变得唯美、漂亮。

最终得到的照片效果

14.3 案例 3：宁静的海边

原图

效果图

切换到第 3 张照片，可以看到同样是早晚的逆光剪影场景，也适合进行色调分离的渲染。

打开示例照片

在“基本”面板中，对影调层次进行调整，加强照片的反差，并强化细节轮廓。提高对比度，降低高光，再提高清晰度值。

对照片的影调层次进行初步优化

切换到“色调分离”面板。将高光色相定位到红黄色附近，提高饱和度，可以看到天空的亮部渲染上了暖色调。（本照片渲染暖色调时，要确定需要红云还是黄云，这样有助于快速进行色相的定位。）

将地面的阴影部分色相定位到青蓝色的冷色调位置，再提高饱和度，可以看到地面部分渲染上了冷色调。

拖动“平衡”滑块，调整冷色和暖色的比例。

分别微调高光和阴影部分的色相和饱和度，使画面色彩变得更丰富、好看。

进行分离色调的处理

切换到“HSL/ 灰度”面板，切换到“饱和度”选项卡，在工具栏中选择“目标调整工具”，将鼠标指针放在天空蓝色的部分，按住鼠标左键并拖动，加强天空部分的蓝色。

对某些景物进行单独的色彩调整

将工具移动到左侧中间的霞光部分，按住鼠标左键并向右拖动，加强霞云部分的色彩饱和度。

对某些景物进行单独的色彩调整

切换到“色相”选项卡，在天空上拖动，使偏紫色的天空稍稍偏黄色一些，这样看起来更加真实。

对某些景物进行单独的色彩调整

地面背光的山体部分，蓝色非常浓郁，有些过度。但如果降低蓝色的饱和度，那么会影响到天空的表现力。所以这里不能继续在 HSL/ 灰度中进行调整。

选择“调整画笔”工具，先将所有参数都清零。然后设定降低饱和度，并适当提高色温值，在背光的山体部分涂抹，使这部分不要过于偏蓝色。

对某些景物进行单独的色彩调整

从上述操作可以得知，虽然用户可能已经掌握色调分离功能的用法，但真正使用时却无从下手，这是因为用户还不能将很多工具有效组合起来使用。只有掌握更多的后期调修工具，灵活组合并运用，才能在具体的修片过程中，驾轻就熟，收放自如。

现在可以看到，照片的暗角有些重。那么也可以使用“调整画笔”工具来进行消除。首先将所有参数都清零。设定提高曝光值，提高画笔直径，将画笔中心点移动到画面之外，只利用画笔 1/4 的部分辐射暗角就可以了，然后单击鼠标，就可以将暗角消除。

利用“调整画笔”工具消除暗角

回到“基本”面板，微调一下整体的色调和影调，照片的全部处理就完成了。

整体优化影调层次与色彩

14.4 案例 4：送花人

原图

效果图

打开新的示例照片

切换到第 5 张照片，虽然逆光的光比并不是特别大，但仍然是逆光带有半剪影的状态。

对照片的影调层次进行初步优化

在“基本”面板中，降低曝光值、高光和白色，提亮阴影，改变照片的影调层次。处理这种高光最亮部分已经彻底变白的照片时，没有必要将高光降至最小值，否则高光部分与周边的过渡会非常硬朗，比较难看。

处理这种高光溢出的光斑时，可以尝试使用“调整画笔”工具，对其进行一定的涂抹，虽然追不回细节，但却可以将亮度压低。选择“调整画笔”工具，将所有参数清零，再降低高光和白色，在高光过高的区域进行涂抹，压暗这部分亮度，使这部分不会显得太刺眼。

利用“调整画笔”工具修饰高光溢出位置

下面，利用色调曲线功能进行更进一步的优化。切换到“色调曲线”面板，切换到“点”选项卡，切换到蓝色通道，降低蓝色的高光部分，为照片中的高光部分渲染上了一定的黄色。于是，照片中天空的曝光过度部分就像被追回了一定的细节。

降低照片的蓝色系（相当于增加黄色）

切换到“色调分离”面板，将高光色相定位到红黄色附近，提高饱和度，可以看到天空的亮部渲染上了暖色调。

将水面的阴影部分色相定位到青蓝色的冷色调位置，再提高饱和度，可以看到暗部渲染上了冷色调。

拖动“平衡”滑块，调整冷色和暖色的比例。分别微调高光和阴影部分的色相和饱和度，使画面色彩变得更丰富、好看。

进行分离色调的处理

回到“基本”面板，调整色温、色调，改变照片色彩倾向；影调控制参数，继续优化照片影调层次；适当提高饱和度使色彩感更强烈。最终使画面整体变得更加协调、漂亮。

对照片进行整体层次、细节和色彩的优化

小提示 *本例有一个要点需要说明：开始处理时，要在色调曲线界面中，对曝光过度部分进行色彩的渲染，为该区域渲染一层暖色调，仿佛追回了高光丢失的细节和色彩。虽然这是假象，但仍然可以使照片协调、好看起来。*

最后，选择“拉直工具”，校正水平线，使照片更加协调、规整。

拉直照片后的最终效果

14.5 案例 5：小沙弥

原图

效果图

选中第 6 张照片。虽然不是逆光拍摄，也不是剪影，但照片中的侧光很强，形成了很大的明暗反差。

打开新的示例照片

在“基本”面板中，提高对比度，降低高光，轻微提亮阴影，再提高自然饱和度，强化照片的反差及色彩感。

对照片影调层次、细节和色彩进行优化

切换到“色调分离”面板，将高光色相定位到红黄色附近，提高饱和度，可以看到亮部渲染上了暖色调。注意根据原图的特点，应该将暖色调渲染得偏黄一些。

将阴影部分色相定位到青蓝色的冷色调位置，再提高饱和度，可以看到阴影部分渲染上了冷色调。

分别微调高光和阴影部分的色相和饱和度，使画面色彩变得更丰富、好看。

进行分离色调的处理

回到“基本”面板，继续调整照片的影调层次和细节；继续提高饱和度及自然饱和度，加强画面的色彩感；再调整色温和色调值，优化画面的色彩倾向。

再次微调照片影调层次、细节和色彩

这种人文照片的冷暖色，不需要过于强烈，只要有一点儿倾向，就会使画面的表现力增强很多。

因为画面四周相对比较空，所以可以选择“径向滤镜工具”，设定降低亮度的参数，为照片做一个暗角。压暗四周而只强化人物。

制作“渐变滤镜”突出人物

制作暗角时，要注意观察，发现一些不够暗而破坏画面协调性的位置，可以在参数面板上方单击“画笔”单选按钮，模式为“添加”，在不够暗的位置涂抹，继续降低这些位置的亮度；对于过暗的区域，可以将画笔模式设为“减去”，然后进行涂抹，稍稍恢复这些位置的亮度。

于是经过调整，就可以使画面的暗角及整体都变得协调起来。

最后，再次整体上调整色温、饱和度等，得到最终的画面效果。

利用画笔的“添加”功能压暗漏掉的局部区域

14.6 本章总结

本章通过对多个案例进行色调分离的处理，加深了大家对色调分离功能的理解和驾驭能力。色调分离，往往用于制作冷暖对比色调。

在风光题材中，大家会拍摄很多逆光的高反差照片，如果在拍摄现场没有拍到很好的冷暖对比效果，那么可以在后期处理时，利用色调分离功能来渲染色彩，最终实现很好的冷暖对比效果。

在摄影创作过程中，大家经常会遇到雾霾或其他一些烟雾、尘土弥漫的天气，又或是远景有雾气的场景，会造成画面不够通透。使照片变通透是后期修片的一个重要目的，那么使照片快速变通透，就是很有价值的后期技巧了。

本章将介绍快速使照片变通透的技巧。

15 快速打造通透度

15.1 案例 1：航拍海岸线

原图

效果图

将准备好的素材全部选中，载入Photoshop，载入ACR中。在早期的ACR中，要快速打造照片通透度，并不是很容易的，而在新版本的ACR中，利用“效果”面板中的去除薄雾功能，可以快速将灰雾度高的照片变通透。

选中第1张照片。可以看到，因为水汽等影响，画面灰雾度很高。

打开并分析照片

一般处理灰雾度高的照片时，要先提高清晰度，再适当提高去除薄雾的参数值。

提高清晰度强化景物轮廓

切换到“效果”面板，提高去除薄雾的参数值，可以使照片变得通透一些。去除薄雾功能可以在很大程度上加强照片中间调的对比度，再配合“基本”面板中的清晰度功能，可以很快实现使照片变通透的目的。

利用去除薄雾提高通透度

在“基本”面板中调整影调层次及色彩选项，对照片整体进行优化。

对照片层次、细节和色彩进行优化

在后期处理的过程中，还可以使用“目标调整工具”，对照片局部的色彩进行渲染和控制。最后，再对照片进行适当的裁剪、拉直等处理，就可以得到处理完毕的照片了。

对照片进行拉直处理

拉直后的照片效果

15.2 案例 2：大地脉动

原图

效果图

选中第2张照片，可以看到这是一个远景比较朦胧的场景。

打开并分析照片

首先在“基本”面板中单击“自动”按钮，使软件自动对照片进行一定的优化；然后进行手动的微调，继续优化画面的影调层次；降低曝光值，提高对比度，降低黑色；提高白色；提高清晰度，强化景物边缘轮廓。

优化影调层次与细节

切换到“效果”面板，提高去除薄雾的参数值，可以看到照片变得更加通透了。但是色彩发生了严重的改变和失真。

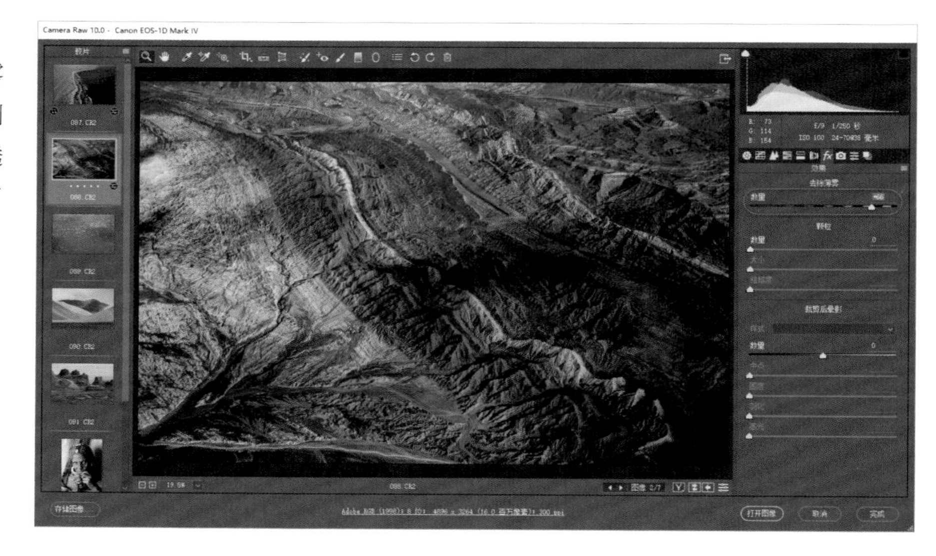

进行去雾处理

如果不想要色彩过度浓郁，那么可以回到“基本”面板，对影调再次进行微调，对色彩饱和度、色温和色调值进行调整，纠正色偏，校正色彩。

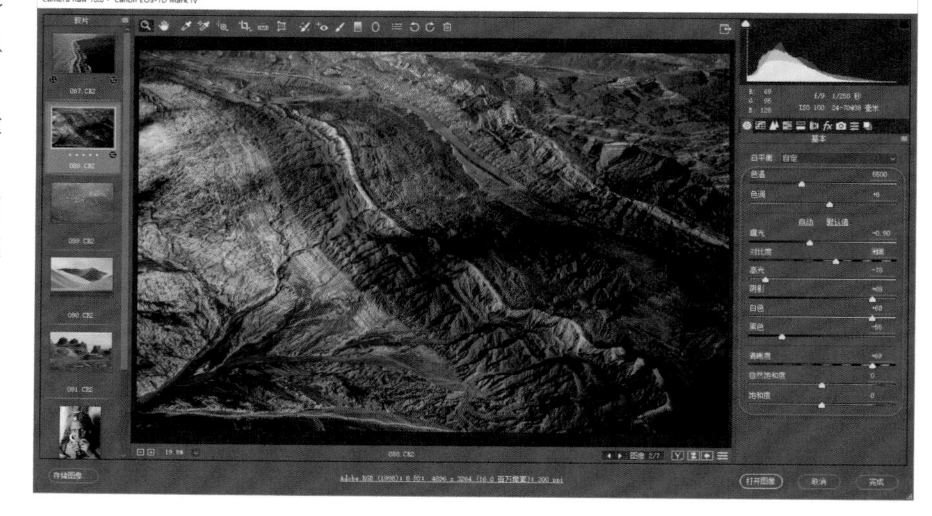

优化整体层次、细节和色彩

此时的效果仍然不够理想，在工具栏中选择“目标调整工具”，单击右键，在弹出的菜单中分别选择色相、饱和度及明亮度，然后在照片上要调整色彩的位置按住鼠标左键并拖动，对这些局部的色彩进行优化。

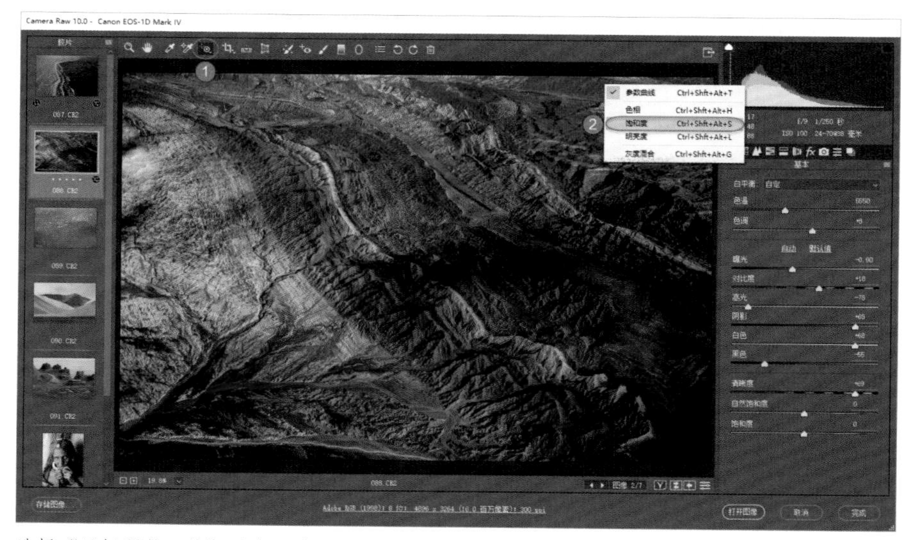

选择“目标调整工具”后在照片上右击，选择“饱和度”等调整选项

利用“目标调整工具”调整某些色彩的饱和度

当然，还可以结合“调整画笔”工具，对某些局部进行渲染，具体包括提亮某些局部，压暗另外一些局部，使画面的光照感更加强烈。实现突出和强化某些局部，弱化另外一些局部的目的。

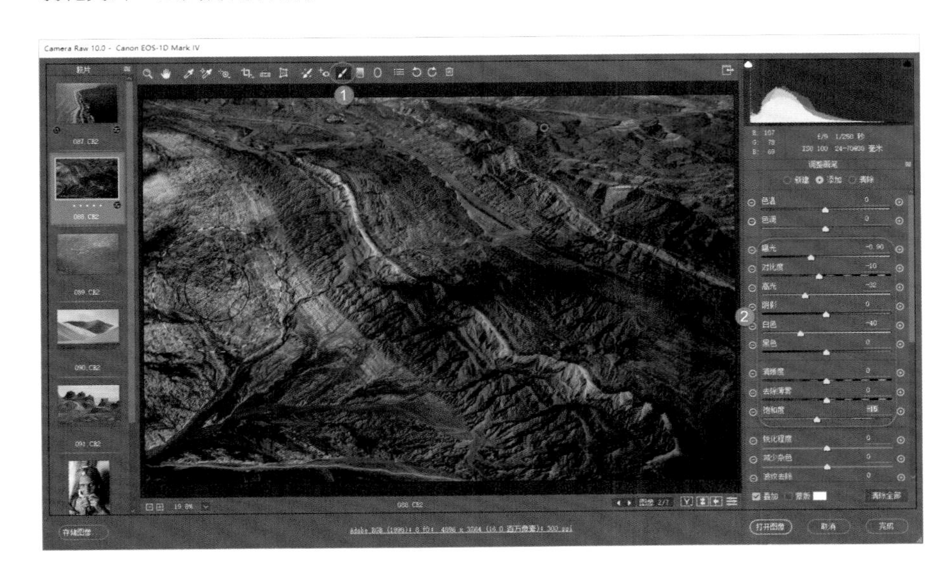

选择“调整画笔”工具并设定参数

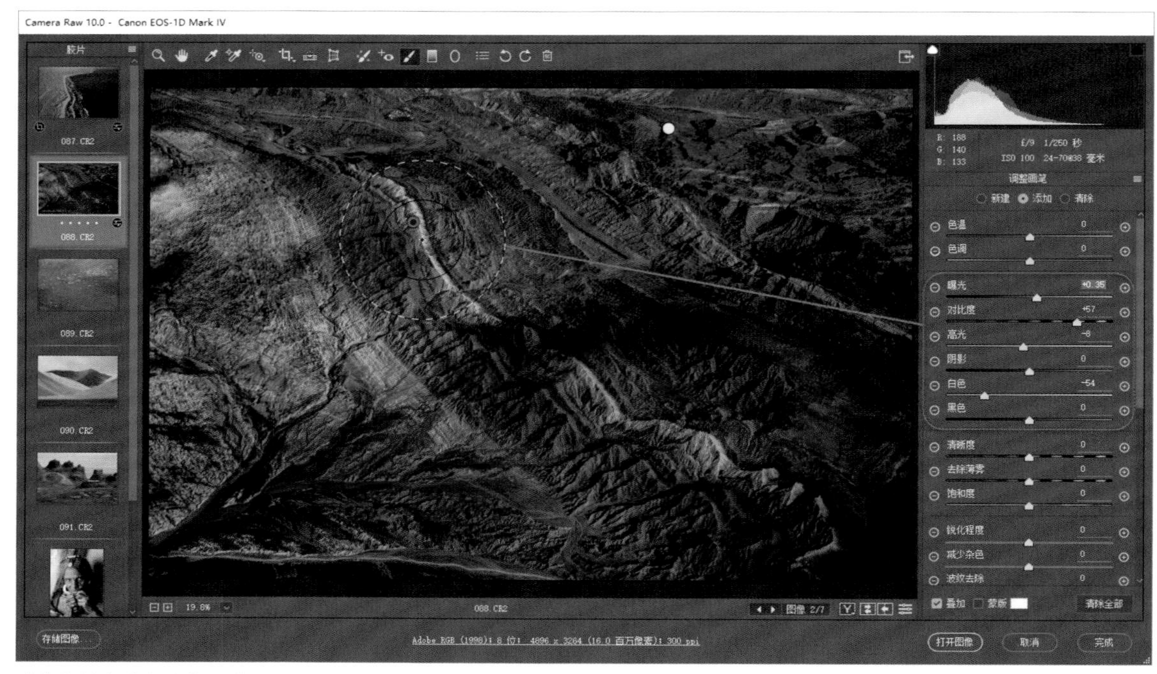

对某些局部进行涂抹调整

小提示 *在对照片进行全局和局部处理时，要注意观察直方图，最好不要出现大量高光溢出或暗部彻底变黑的问题。*

最终通过去除薄雾、提高清晰度，并结合其他调整参数，将这张灰雾度很高的照片调整到了一个非常理想的程度，完成照片的优化。

15.3 案例 3：色达之晨

原图

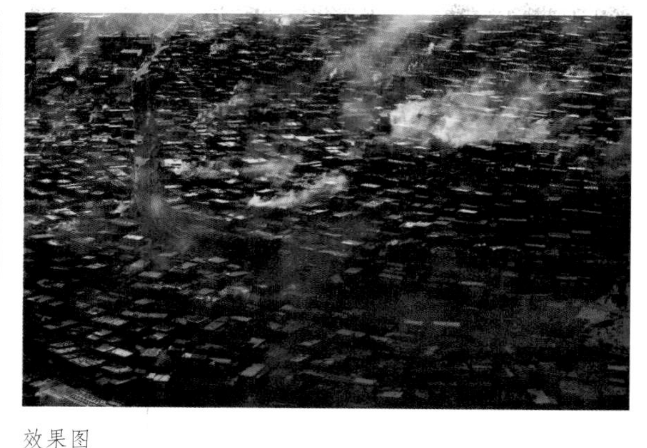
效果图

打开第3张照片，可以看到这张照片的灰雾度非常高，这是拍摄于我国西藏色达的一张晨光作品，由于有晨雾和炊烟，加上拍摄距离非常远，因此画面灰雾度过高。

打开并分析照片

处理灰雾度特别高的照片时，首先应该做的是切换到“效果”面板，提高去除薄雾的参数值，进行通透度的提升。本例中，由于灰雾度太高，因此去除薄雾的参数值调得也非常高，这样才有更好的去雾效果。

进行去除薄雾处理

回到“基本”面板，对强烈去雾产生的后果进行弥补。

提亮黑色和阴影，追回一些损失掉的暗部细节和层次；降低高光，追回亮部层次；适当提高对比度，使层次丰富一些；提高清晰度，强化景物边缘轮廓，丰富画面细节信息。

对照片影调层次和细节进行优化

提高自然饱和度的参数值，强化画面色彩感。微调色温，改变画面的整体色调。

调整画面整体色彩

此时的暗部已经提得非常高，但照片画面中，特别是右下角的暗部层次仍然很弱。那么可以切换到“色调曲线”面板，提高暗调和阴影的参数值，继续追回一些损失掉的暗部细节层次。

降低一些高光和亮调，追回亮部的层次细节。

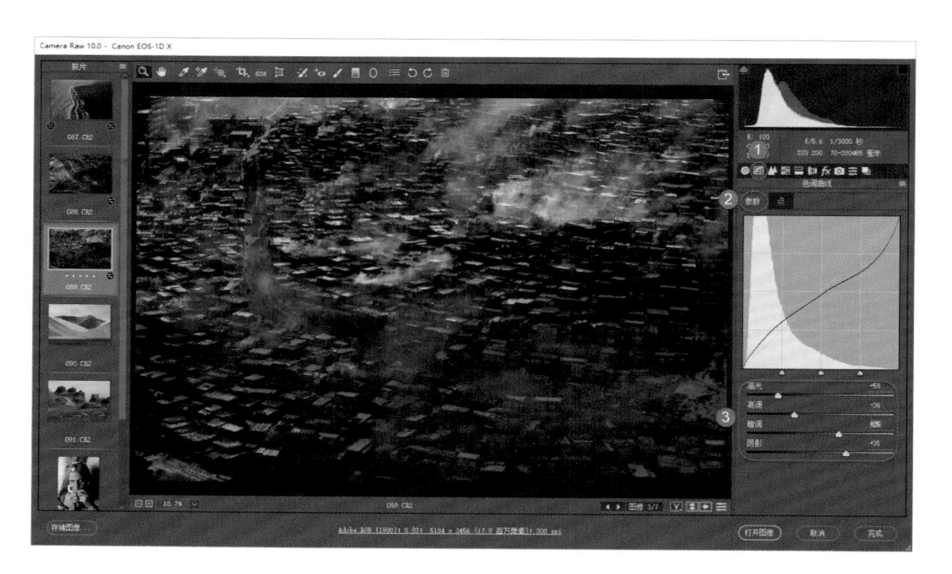

利用“色调曲线”功能进行辅助调整

小提示 *一般来说，只有在“基本”面板中，通过影调参数无法彻底解决画面的影调层次问题时，才会进入到“色调曲线”面板，利用曲线来帮助调整，强化画面效果。*

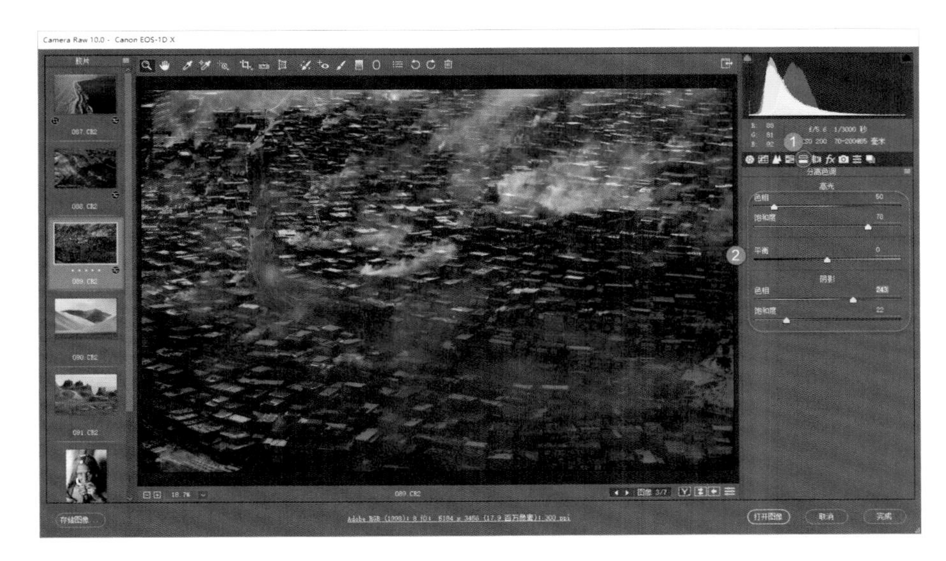

至此，可以看到照片的效果仍然不够理想，可以切换到“色调分离”面板，进行分离色调的渲染。

先将高光和阴影区域色彩渲染的饱和度提得很高，然后拖动“色相”滑块，以便观察色彩渲染的效果。

进行分离色调处理

为高光和阴影区域渲染上合适的色彩之后，再降低饱和度，避免渲染的色彩饱和度过高而使照片显得失真。特别是对于本例这种人文题材，阴影区域的饱和度更是不要过高。

降低饱和度，优化分离色调的效果

回到“基本”面板，继续调整色温和色调值，优化画面色彩。在该过程中，适当结合影调参数进行调整，效果会更好。

优化照片的影调层次、细节与色彩

此时观察照片画面，可以看到照片右上角色彩有些偏青色。选择“调整画笔”工具，将所有参数都清零。然后将色调值提高一些，加一点儿洋红色；提高色温值，加一些黄色。在照片右上角涂抹，可以避免该区域泛青色。

利用“调整画笔”工具对偏色的局部进行涂抹优化

对比照片处理前后的效果，可以看到经过调整后，画面不再是高灰雾度的效果，变得比较通透。

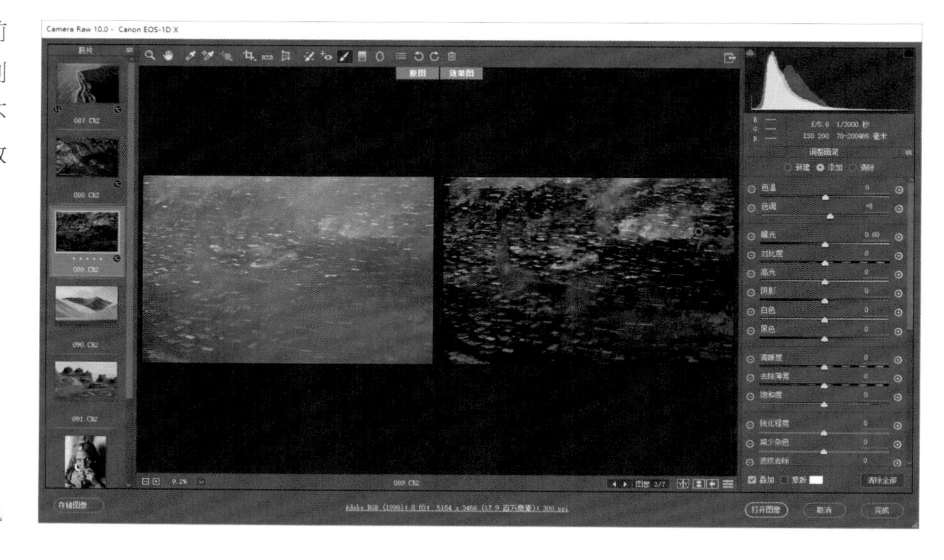

处理前后的效果对比

15.4 案例 4：春到草原

原图

效果图

在工作界面左侧的胶片窗格中切换到第 4 张照片。

打开新的示例照片

处理这类画面的过程非常简单。

切换到“效果”面板，在其中提高去除薄雾的参数值，可以看到画面效果会变得比较理想。

进行去除薄雾处理

回到“基本”面板，对影调层次和细节进行再次优化。

对照片影调层次和细节进行优化

观察照片的天空部分，可以看到很多污点，这是由相机感光元件上的灰尘导致的。

因为污点实在太多，无法一一清除，这时可以使用“渐变滤镜”来进行处理。在工具栏中选择“渐变滤镜”，参数设定为降低清晰度和去除薄雾的参数值，降低高光，然后由照片上边缘向下拖动制作“渐变滤镜”。

通过将天空模糊和雾化，消除了绝大部分中小的污点。

为天空部分制作降低亮度的“渐变滤镜”

此时山体上半部分也受到了影响，没有关系，只要在参数面板上方单击“画笔”单选按钮，模式为“减去”，然后用画笔在这部分山体上涂抹，将山体雾化的部分擦拭出来就可以了。

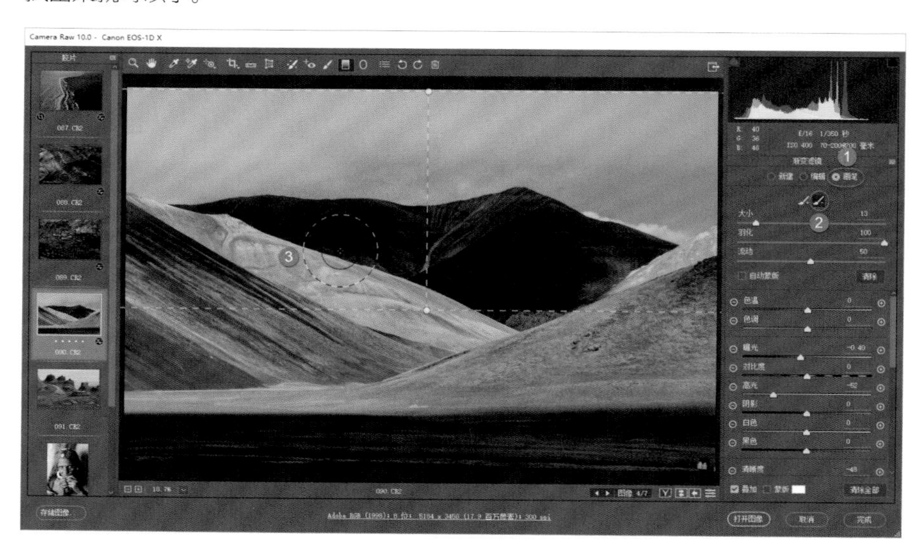

将包含进来的山体部分去掉

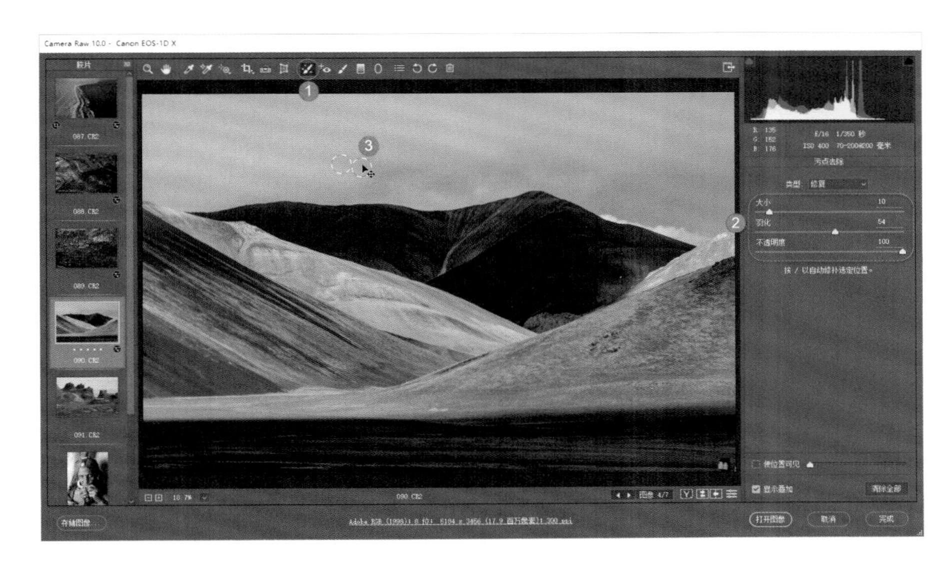

没有雾化掉的比较大的污点已经非常少了，这时可以在工具栏中选择“污点去除工具”，直接单击这些污点，就可以消除污点。

修复掉天空残留的污点

15.5 案例 5：老人肖像

原图

效果图

在左侧的胶片窗格中切换到第6张照片，这是一幅人文作品。对这类题材，有时也可以进行通透度提升的操作。

打开新的示例照片

在“基本”面板中，首先优化照片的影调层次，轻微降低曝光值，提高对比度，降低高光，提亮阴影；提高清晰度值，强化细节轮廓，强化画面质感。

优化照片影调层次和细节

处理这种需要强化质感的人文题材时，往往还要降低饱和度与自然饱和度。

在进行去雾之前，还可以微调色温和色调值，改变画面的色彩基调。

调整照片色彩，并再次优化影调层次

提高照片通透度有利于强化质感，所以切换到“效果”面板，提高去除薄雾的参数值，这样会使人物面部的质感更强烈。

进行去除薄雾处理

虽然提高去雾程度增强了画面质感，但却破坏了直方图，此时的直方图表明有些位置出现了暗部溢出。

回到“基本”面板，提亮黑色，可以追回暗部丢失的细节。至此，照片处理完毕。

最后进行影调层次优化

15.6 本章总结

通过本章的学习可以得知，无论风光还是人文题材，其实都可以用去除薄雾功能快速提升照片的通透度，可以说去除薄雾功能也是一个“七星级”的工具，它简单、易用，并且功能强大。

此外，大家还应该知道这样一个道理：无论多么强大的功能，往往都无法单独完成或实现非常理想的画面效果，而是要借助其他的影调及色调调整功能，对照片实现完美的后期处理。也就是说，真正的摄影后期是一个系统性很高的过程。

照片后期处理过程中，对于色彩的调整难度较高，大多数摄影师都会觉得调色难以把握。本章将通过多个案例来介绍色彩调整的思路和技巧，以及调色时应该注意的事项。本章的调色案例包含了常见的各种类型图片的调色。

16 色彩的提炼与升华

16.1 案例 1：丹顶鹤

原图

效果图

打开新的示例照片

如本例的原图，如果没有把握住色彩的“脉搏”，而是盲目直接进行色彩渲染，可能会导致效果很差。

利用“自动”功能优化照片影调层次

如果想要知道这张照片的色彩问题出在哪里，可以先单击“基本”面板中的“自动”按钮，进行观察。可以发现曝光值变高，这表示原图有些曝光不足；又由于照片有较大暗角，画面亮度不均匀，所以要先解决照片最明显的问题。

进入“镜头校正”面板，勾选“启用配置文件校正”复选项，消除照片暗角，于是照片整体明暗变得均匀，画面变得明快起来。

修复暗角和畸变

回到“基本”面板，加强照片的清晰度，调整时只要向右拖动“清晰度”滑块即可，然后再来渲染色彩。

强化照片细节轮廓

这张照片的色彩表现力不够，但做成黑白效果也不行，因为画面表现的对象是丹顶鹤，如果转为黑白效果，那么丹顶鹤红色的头部就会失去色彩，所以必须保持照片的彩色状态。

直接调整照片白平衡和色温，也是不行的，因为这会导致色彩的偏差。

另外，这张照片既没有逆光，也没有强烈的光线照射，因此也无法进行色彩分离的调整（分别为高光和暗部渲染不同的冷暖色彩）。

由于照片中色彩本身就不多，因此也很难使用“目标调整工具”对不同色彩进行渲染。

综合上述原因，可以得出这样一个结论：要使这张照片的色彩表现力更强，那么只要进行自然饱和度及饱和度的调整就可以了。

首先，大幅度提高照片的自然饱和度及饱和度参数，可以看到照片的色彩变得漂亮起来。

因为这是拍摄的极远距离外的场景，受光线及清晰度的影响，画面色彩不会太明快，所以需要提高饱和度来使照片色彩变得鲜活起来。

对影调层次和色彩进行优化

增强照片色彩饱和度后，再适当微调色温，使照片中色彩的冷暖呈现出更强的对比。

调整白平衡和色调，优化色彩

至此，才可以使用“目标调整工具”，对比较明显的不同色彩进行一些调整，来渲染色彩。（照片本身的色彩感非常弱，如果直接使用“目标调整工具”进行调整，那么会导致照片中出现色彩的断层和波纹现象。）

提亮地面部分的色彩明度，使地面景物更有光照感。

改变草地的色彩明度

切换到“色相”选项卡，使用“目标调整工具”左右拖动，改变色相，使地面景物的色彩变得更准确。

改变草地的色相

通过这个案例可以知道，如果一张照片的色彩比较浅淡，那就不应该直接对不同色彩进行单独调整，要首先加强饱和度，等各种色相变得明显、强烈之后，再分别进行渲染。

16.2 案例 2：孟加拉集市

原图

效果图

本案例的照片是使用中等焦段拍摄的。可以看到，由于场景中有一些灰雾度，导致照片不够清晰；另外，由于是逆光照射，因此照片有些眩光干扰，显得不够清晰、通透，并且色彩表现力不够（逆光会影响色彩的鲜艳程度）。

打开新的示例照片

调色之前，先看照片直方图，可以发现照片明显缺乏高光像素，即照片亮部有缺陷；而暗部也不够黑。先在“基本”面板中单击“自动”按钮，由软件来预先对照片进行明暗影调的调整，将照片的直方图做到位。

自动调整照片影调后，再对下面的曝光、对比度、高光、阴影、白色和黑色等参数进行微调，使照片的影调层次变得更合理。

加强清晰度，使画面景物的轮廓更明显、清晰。

优化照片影调层次和细节

切换到“效果”面板，适当提高去除薄雾的参数值，去除画面的薄雾。

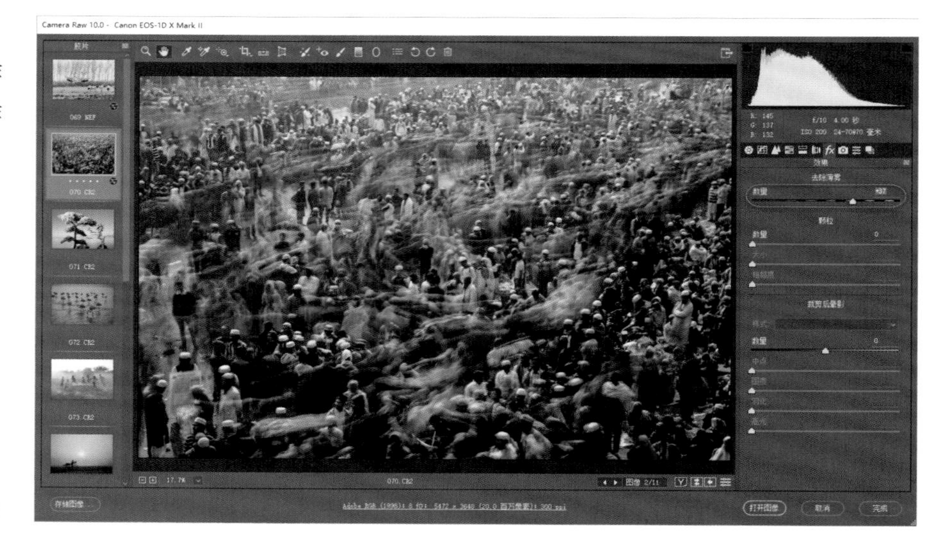

进行去除薄雾处理

回到“基本”面板，对各种参数进行微调。这里主要是要提亮暗部，避免照片中的暗部过重。照片影调层次修饰完成后的问题是画面色彩表现力不够。这张照片，是笔者在孟加拉国使用慢门拍摄的一个场景。对这张照片来说，色彩的调整有两个要点：其一，要干净、协调一些；其二，色彩要浓郁一些，这样画面才会显得更活跃。

首先，提高自然饱和度及饱和度，加强照片色彩，使照片增加一些流动感和节日的喧闹气氛。

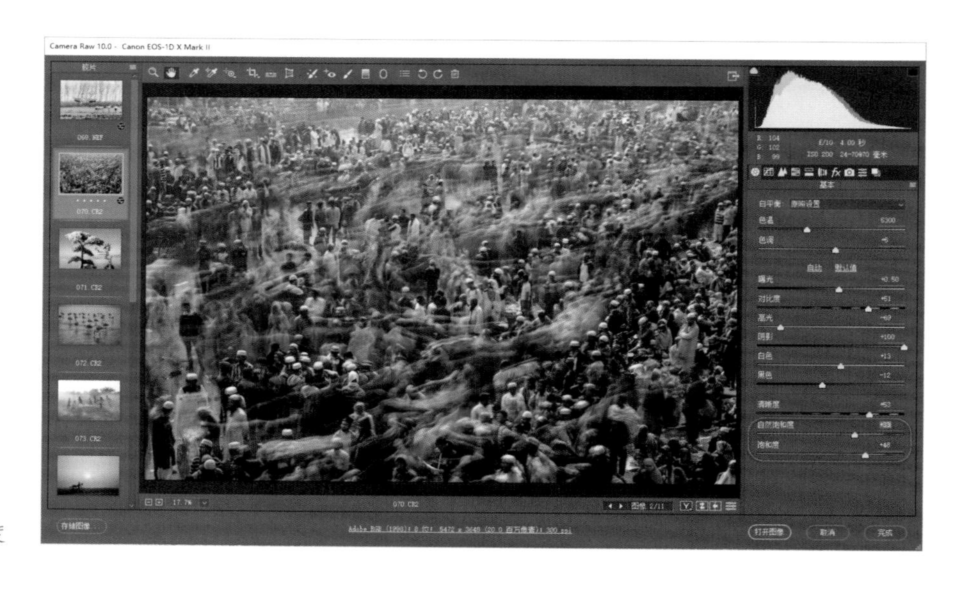

提高饱和度与自然饱和度

观察照片，可以看到，虽然有了整体氛围，但却产生了很多新的问题。一些原本就显眼的色彩变得非常碍眼，如画面中的红色等，于是要对这些饱和度过高的色彩进行减低。而在降低这类饱和度过高的色彩之前，先整体上控制一下画面的色温，使照片产生一定的冷暖对比。处理本照片时，因为画面中有许多红色、橙色和黄色等暖色，所以在调色温时要敢于降低色温，为画面渲染冷色，这些冷色就会与原画面的暖色形成冲突，形成冷暖对比。

降低色温

切换到“HSL/灰度”面板下的“饱和度”选项卡，在工具栏中选择“目标调整工具”，找到照片中最鲜艳的颜色，按住鼠标左键并向下拖动，降低这些色彩的饱和度。本案例主要针对饱和度较高的红色、洋红及绿色进行了饱和度的降低。

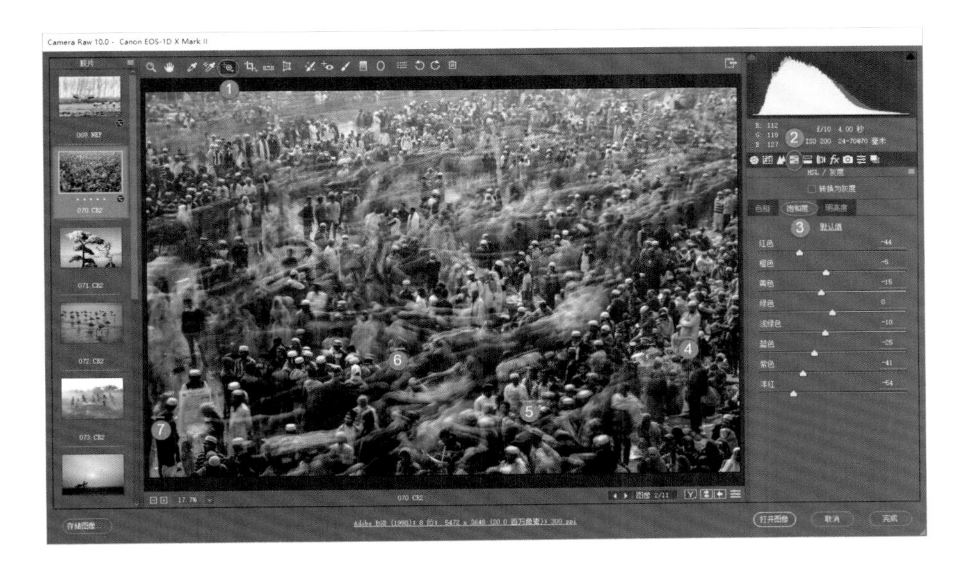

对不同局部的饱和度进行微调

回到“基本”面板，对照片的对比度等进行微调，尤其要注意提亮暗部，不要使暗部显得太浓重。

如果在第2次的调整过程中发现某些色彩还是太过浓郁，或是太过碍眼，那么要回到“HSL/灰度”面板，使用“目标调整工具”对这些色彩进行调整。

于是，画面整体的色彩就变得鲜活、漂亮起来了。

优化照片影调层次

观察照片，可以看到远景的灰雾度比较高，不够透。那么可以使用 ACR 中的“渐变滤镜”，对灰雾度高的远景进行局部调整。

在工具栏中选择“渐变滤镜”，在照片上方边缘按住鼠标左键，向下拖动，制作出渐变。

在右侧的参数调整区域，降低曝光值，提高清晰度和去除薄雾的参数值，适当提高渐变区域的饱和度，加强对比度，使渐变的远景区域变得清晰通透。调整时，要根据实际情况，对色温、色调、高光等参数对渐变区域进行微调，调出来的效果才会足够自然、漂亮。

通过一个“渐变滤镜”的调整，将远景局部的色彩和通透度也还原了出来，从这个角度看，“渐变滤镜”的功能是非常强大的，其主要功能是对不够理想的局部区域进行局部的调整。但使用时要灵活，要根据实际情况决定是否使用。

在最终完成照片的修饰之前，回到“基本”面板，对各种参数进行整体上的微调，使画面的整体看起来更加协调。

制作“渐变滤镜”

16.3 案例 3：大雪压青松

原图

效果图

本案例这张照片的形式非常简单，而调色过程也非常简单。

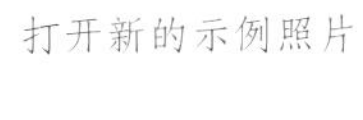

打开新的示例照片

调整时，首先对画面的暗部进行提亮，使暗部变得轻盈起来，避免显得过于沉重。适当提高饱和度，使画面的色彩变得浓郁一些。

优化照片影调层次、细节与色彩

因为此时照片的色彩感已经比较强了，所以使用“目标调整工具”，加强蓝天部分的色彩饱和度，再加强受光线照射区域的饱和度，照片的色彩调整就完成了。

改变照片局部的色彩饱和度

由上述调整可以看出，处理这种光线条件比较理想的风光题材，其调色是非常简单的，没有太多复杂的技巧，调整时只要能够准确还原全图的色彩，然后再对某一些重点色彩进行适当加强，变得亮丽一点儿就可以了。当然，调整全图及不同色彩的饱和度时，要注意控制调整的幅度，不要过度，避免饱和度过高，否则画面会显得不够真实、自然。

16.4 案例 4：火烈鸟

原图

效果图

本案例这张照片可以说是典型的三无：无光、无影、无色彩。下面，学习如何使这类“三无”照片焕然一新。

打开新的示例照片

首先，在工具栏中选择“拉直工具”，沿着天际线的方向拖动一段距离，然后松开，校准海平面，使失衡的照片变得协调起来。

校正照片水平

在“基本”面板中，单击“自动”按钮，使软件对照片的影调进行自动优化。自动调整后，可以发现照片变得太亮，要适当降低曝光值，降低高光追回亮部层次；另外可以看到暗部出现了像素溢出，要提亮黑色和阴影，追回暗部细节和层次。

优化照片影调层次

这张照片是夕阳下拍摄的，但由于是自动白平衡，照片效果比实际场景要偏冷、偏蓝一些，因此要修改色温值，使照片还原出实际场景的暖色调。变为暖色调后，可以看到画面变得非常温馨。

改变色温与色调

确定照片整体的影调及色彩基调后，对“基本”面板中的其他参数进行整体上的调整。使原本过于平淡的画面变得鲜活而有表现力。

优化照片影调层次、细节与色彩

从这个案例可以看到，色彩是非常重要的，它可以直接影响到照片的视觉外观，以及画面的情感。要具备熟练的色彩驾驭能力，需要摄影师经常学习和实战，经常修图、作图。

另外，还可以通过一图多做的方式进行训练，即一张照片可以处理为不同风格的色彩，并且都达到很好的效果。经常这样训练，可以极大提高对色彩的感知和驾驭能力。

16.5 案例 5：快乐的童年

原图

效果图

打开新的示例照片

将本案例原图载入 ACR，可以看到照片有些曝光过度。

先在“基本”面板中进行自动调整。自动调整之后，地面主要对象的层次得到了优化，但是曝光过度的天空仍然无法追回，这是没有办法的。

对各参数进行调整，适当提亮暗部，降低高光，加强对比度，继续对照片进行优化。

优化照片影调层次

加强清晰度，优化照片中拍摄对象的边缘轮廓；提高自然饱和度及饱和度，为照片渲染更漂亮的色彩，提高两种饱和度时，一定要注意幅度的控制，不要使色彩变得不自然；适当提高色温，使画面的暖色调更浓郁，调整色温后，还要根据实际情况，适当降低饱和度，避免色彩溢出。（要注意，在调整整体画面的色调时，往往不是单单提高色温值，还需要适当提高色调值，加一点儿洋红色，那么光线的色彩会更加真实。因为每天早晚两个时间段，太阳光线是带有一定洋红色的。）

改变照片色彩效果

通过上述调整，已经将地面主要景物调整到位。观察照片，可以看到“死白”的天空是有问题的，要通过调整追回曝光过度的天空的层次是不可能的了，但也不能使天空保持“死白”。

在“色调曲线”面板的“点”选项卡中，对高光部分进行调色，为死白的天空渲染合适的色彩，主要是模拟夕阳下天空的色彩。首先切换到蓝色通道，降低高光部分的蓝色，根据混色原理，降低蓝色相当于增加黄色，于是就可以使天空部分的颜色偏向黄色。

降低色调曲线中蓝色曲线的高光部分

降低高光部分的蓝色后，可以看到天空变得偏向黄色，此时地面也会受到影响，因此要将暗部拉回去一些，避免暗部过于偏黄色。

改变蓝色曲线的中间调

切换到红色通道。天空的暖色调中，不仅有黄色，还有红色，因此加强高光部分的红色。至于暗部，仍然要适当向下拉曲线，恢复一些原来的色调。于是天空部分的色彩就调整出来了。

调整红色曲线

回到“基本”面板，对影调参数曝光值、对比度、高光、阴影、黑色、白色等参数进行微调，改善画面整体影调；对色温、色调及饱和度等参数进行微调，使画面整体的色彩更加协调。至此，完成了对照片整体的色彩及影调的优化。

优化照片色彩与影调层次

最后，可以看到照片的构图是有一点儿问题的，空旷的天空占画面过多，构图不够紧凑，因此适当裁剪掉部分天空，完成照片最终的处理。

二次构图

实际上，大家在真实场景中看到的色彩近似于画面中的色彩，但相机是无法一步到位还原真实场景的影调和色彩的，因为反差太大了。因此，需要借助后期软件，对真实场景进行还原。

16.6 案例 6：回家路上的小贩

原图

效果图

观察本例的原图，因为场景中的光线及色彩与前一个案例照片相差不大，所以也可以处理为前一个案例的效果。

借助 ACR 强大的功能，没有必要再逐步进行调整，否则效率太低。按住键盘上的 Ctrl 键，分别单击即可选中这两张照片。

选中前面处理的照片和新照片

<u>*一定要注意，先选择前面已经处理过的案例照片，再选择本案例的照片，要按次序要求。*</u> **小提示**

在 ACR 左侧胶片窗格右上角，打开下拉列表，在其中选择“同步设置”，在弹出的同步设置框中，其中的调整项保持默认，然后单击“确定”按钮。

进行同步设置处理

<u>*另外，也可以在选中这两张照片后，用鼠标右键在照片上单击，弹出快捷菜单，在快捷菜单中选择“同步设置”，也会有同样的效果。*</u> **小提示**

于是，对前面照片的调整，就会直接应用到当前的照片上。

由于两张照片还是有一定差别的，特别是光线状态。因此还要对当前处理的照片进行一些微调，使画面效果更加符合当前的场景，否则仅仅是生搬硬套，效果肯定不够理想。

对同步设置的新照片进行再次微调

16.7 案例 7：飞撒龙达

原图

效果图

本案例的这张照片更适合进行冷暖对比色的优化，效果会比较好。因为，场景中远处的天空及近景的阴影部分，原本色彩就是偏冷的，而火焰又是暖色的。只是曝光的原因造成色彩不够明显，冷暖的对比不够强烈。

打开新的示例照片

首先在“基本”面板中，对照片的影调进行调整；再对清晰度和饱和度进行调整，优化色彩感。

对影调层次、细节和色彩进行微调

下面，就可以利用色温来打造冷暖对比的效果。具体调整时，只要较大幅度降低色温就可以了。因为火焰本身就是暖色调的，即便降低色温，也不会对火焰产生太大影响，但却可以使远景的天空及场景的一些暗部变得带有蓝色，于是火焰的暖色调就会与其他场景元素形成冷暖的对比。

这种有大片强烈暖色调的场景，是最容易渲染冷暖对比效果的，甚至都不用进行色调分离的调整，就可以得到很好的对比效果。

降低色温值

最后在输出照片之前，依然是对画面整体的影调和色调进行微调，使画面整体协调即可。

对照片整体进行微调

16.8 案例 8：彝乡

原图

效果图

经过判断，可以将本案例这张照片制作成黑白效果，也可以制作冷色调。因为这种清晨场景，显得非常冷清、宁静。

打开新的示例照片

调色之前，先进行二次构图，裁掉周边过于空旷的区域，使构图变得更紧凑，主体更醒目和突出。

进行裁剪完成二次构图

处理晨雾等场景，没有必要进行去除薄雾的调整，以免事倍功半。具体调整时，要反其道而行之，适当降低清晰度，强化画面柔和的意境。

降低色温，使画面偏向冷色调，再适当降低色调值，为画面渲染一点儿青色。

优化照片细节与色彩

最后对照片进行整体上的调整：适当降低曝光值，降低高光和白色，然后根据实际情况对其他参数进行微调，得到一种比较柔和的画面效果。

优化照片整体上层次、细节与色彩

16.9 案例 9：晨渡

原 图

效果图

打开新的示例照片

打开本案例的照片后，可以看到，与前一个案例的照片相比，两者是非常相似的，那么也可以考虑制作冷色调的柔和效果。

选中前面处理的照片和新照片

具体调整时，依然是按住键盘上的 Ctrl 键，分别单击并选中这两张照片。（依然是先选前一个案例处理后的照片，后选当前照片。）

单击鼠标右键，在弹出的菜单中选择“同步设置”，于是就可以使当前处理的照片套用前面的处理步骤。

可以看到，照片已经变为了冷色调的柔和效果。观察套用前面的处理步骤的当前照片，可以看到色彩饱和度太高了，即过于偏蓝色。

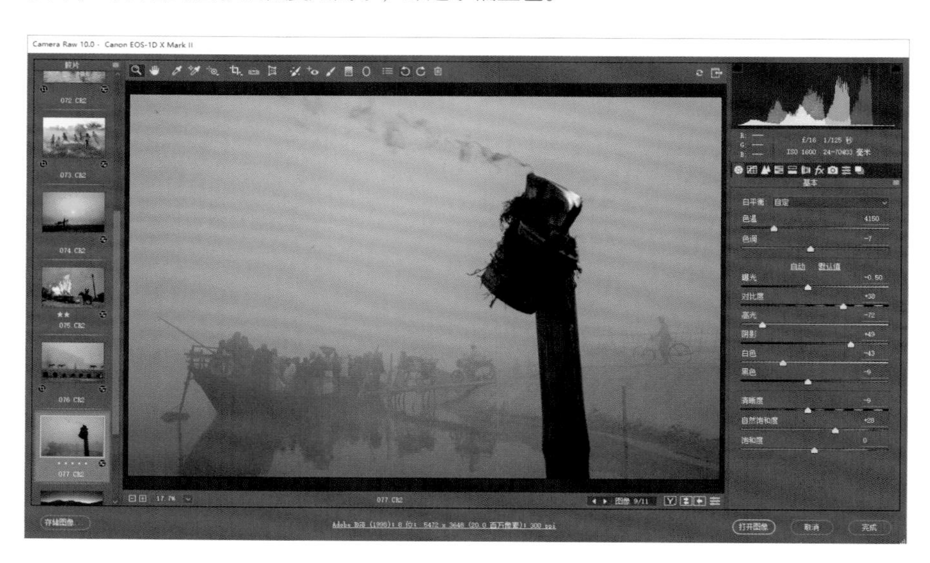

进行同步设置处理

照片需要进行微调，对照片的色温和色调进行适当的调整，使色彩变得合理、自然就可以了。

清晨和傍晚的雾景，适合营造这种柔和的意境，并渲染一定的冷色调，会使画面表现力更强。

对新照片再次进行微调

16.10 案例 10：色达的夜

原图

效果图

本案例的照片表现的是我国西藏色达的夜景。

打开新的示例照片

先进行自动调整，并对各种影调参数进行微调，使画面变得有层次感。

对照片进行影调层次的优化

观察后可以得知，这张照片需要制作冷暖对比色调。因此周边的雪景很容易就可以渲染非常漂亮的冷色调，而灯光又是暖色调。

调整时，只要大胆降低色温，为照片渲染蓝色就可以了。然后再适当强化清晰度，提高一下自然饱和度。画面效果就会变得非常漂亮。

在输出照片之前，结合直方图，对各种参数进行整体微调，完成照片的调整。

只要有了丰富的经验，类似于这种照片的调色，可能只需要不到一分钟，就能得到很好的后期效果。

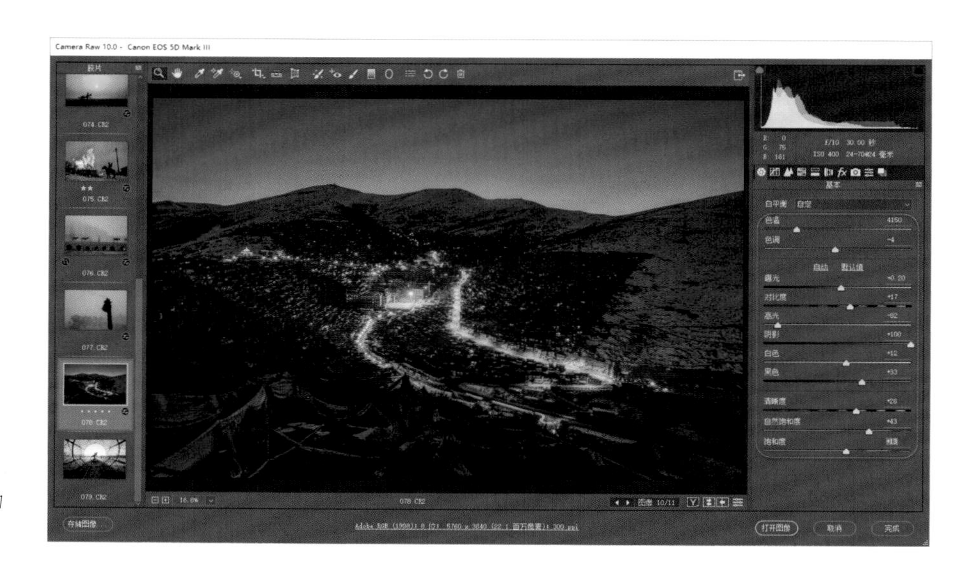

整体上优化照片的层次、细节和色彩

16.11 案例 11：捕鱼人

原图

效果图

本案例中的照片，也是夕阳中拍摄的场景，比较适合制作冷暖对比色调效果。

打开新的示例照片

首先对照片的影调层次进行调整，将整体的亮度降下来，再降低高光，调整出天空的层次。

优化照片影调层次

加强饱和度，强化色彩。

然后需要调整色温，使画面呈现出冷暖对比的效果。

逆光拍摄剪影的画面，前景不能太亮，否则画面就会失去神秘的意境美。所以还要对照片整体进行微调，调整时注意结合直方图，要避免出现暗部的细节损失。

对照片整体的层次、细节和色彩进行微调

如果感觉部分景物的色彩不够准确，那么可以在工具栏中选择“目标调整工具”，进行不同色彩的调整。本例中，需要改变天空蓝色的色相，使蓝色更真实一些。

利用“目标调整工具”调整天空的色相

再切换到饱和度调整项，加强天空中霞云的饱和度。

至此，画面整体影调和色彩就比较理想了。

使用“目标调整工具”调整霞云部分的饱和度

16.12 本章总结

通过对多个案例的讲解，介绍了针对色彩正常但表现力不足的照片和本身颜色比较差的照片的优化思路及优化技巧，还介绍了暖色调、冷色调和冷暖对比色等的制作技巧。一般来说，照片的色彩渲染，主要就是上述几种思路。

当然，还有低饱和度、复古色调等思路，这在后续的内容当中，会进行详细的讲解。

大家进行摄影创作，一般都会要求照片有较高的通透度，而有时高通透度未必会对照片的艺术表现力有正向的促进作用，反而柔和、朦胧一些的效果会使画面的表现力更胜一筹。

前面介绍过 ACR 的去除薄雾功能，利用一键去除薄雾，可以在很大程度上加强照片画面的通透度。本章将反其道而行，利用一键去除薄雾功能，来制作唯美、轻柔的画面效果。

17 轻松加雾造意境

17.1 案例 1：云山雾罩

将几张案例照片拖入 Photoshop，因为是 RAW 格式文件，所以会自动载入 ACR 中。

虽然利用一键去除薄雾功能可以使有一些朦胧、虚幻的画面变得通透，但这些画面更适合呈现轻柔、唯美的梦幻效果。所以不需要进行提高通透度的调整，否则反而不好。

选中第一张照片。

打开新的示例照片

切换到“效果”面板，在其中可以看到去除薄雾功能。拖动滑块，如果向右拖动，会起到去雾效果，使照片的对比度更高，更通透；而向左拖动，则正好相反，照片会变得更朦胧、唯美。

降低去除薄雾的参数值

下面，回到“基本”面板，根据实际需要，对高光等参数进行微调，强化这种唯美的画面风格。

对影调层次进行优化

17.2 案例 2：塞外夏日

对于一些雾景，往往比较适合强化朦胧效果。另外，如果将一些逆光的、杂乱的画面制作为朦胧的柔美效果，也会使画面变得更加干净、漂亮。

如本案例这张照片。

打开新的示例照片

选中之后，直接切换到“效果”面板，降低去除薄雾的参数值，使画面变得更加朦胧。

降低去除薄雾的参数值

回到“基本”面板，对影调参数、清晰度参数、色温和色调等进行微调，使画面变得更漂亮。

优化照片影调层次、细节和色彩

小提示 大多数情况下，制作朦胧的雾化效果时，降低清晰度能够增大加雾的效果。

17.3 案例 3：榕树下

本案例这张照片也有一些雾景的效果，但还没有达到柔美、朦胧的效果，也需要进行加雾操作。

打开新的示例照片

切换到“效果”面板，降低去除薄雾的参数值，使画面变得更朦胧。

降低去除薄雾的参数值

回到“基本”面板，对各种参数进行微调，使画面的朦胧感更强，画面整体更加协调。

优化照片层次、细节和色彩

17.4 案例 4：水上交通线

打开本案例这张照片。

打开新的示例照片

首先，选择“拉直工具”，校正照片的水平线。

经过分析可以知道，对于这种逆光的朦胧的画面，可以加强朦胧效果，得到淡雅、柔美、简约的画面效果。

切换到“效果”面板，向左拖动调整去除薄雾参数，增加画面的朦胧感。

降低去除薄雾的参数值

回到“基本”面板，对照片的各个参数进行调整，强化朦胧和柔美的意境，使画面变得更加协调、自然。

优化影调层次、细节和层次

17.5 本章总结

在 ACR 中，制作朦胧、柔和的意境时，利用去除薄雾功能，降低该参数值，可以使照片变得朦胧起来。

但从上述的多个案例中可以知道，单纯地降低去除薄雾的参数值，所打造出的画面效果并不够理想，实际上还需要结合清晰度调整，影调与色调调整，以及细节调整，并使用画笔等工具对局部进行修饰，才能得到更好的画面效果和意境。

本章将学习影调控制。在数码后期照片的处理中，影调的控制是非常重要的一个环节。绝大多数照片都需要进行合理的影调处理，才能更加突出主体，将趣味点更好地呈现出来，达到强化主题的目的，使画面更具艺术感染力。照片的影调会决定最终的成败，要根据不同的主题或拍摄者的创作目的和需求，合理控制影调和艺术氛围，影调控制的最终目的就是突出主体，营造意境。

18 影调控制的重要性

18.1 案例 1：早春

原图

效果图

本案例这张照片比较简洁，但影调比较差，要进行优化。

打开新的示例照片

首先降低照片的亮度，降低曝光值，可以看到此时天空的云层就显示了出来，有了更丰富的细节。

下面，降低高光值，增加对比度，进一步丰富照片的层次和细节。

对影调层次进行优化

切换到“效果”面板，提高去除薄雾的参考值，这样可以使天空中云的层次得到进一步优化，变得更加丰富，更加漂亮。

提高去除薄雾的参数值

回到“基本”面板，适当增加清晰度，强化景物边缘轮廓；适当降低饱和度，不要使照片色彩太浓郁，否则会显得太喧闹；调整影调参数和色温值，表现一种比较忧伤、孤独的氛围。

经过影调调整之后，照片的影调层次和意境变得完全不同了。

对整体的层次、细节和色彩进行优化

18.2 案例 2：投篮

原图

效果图

再来看下一个案例。画面的结构、形式感及人物的动作形态等都非常不错，但是由于影调控制不合理，导致画面的感染力不足。

经过分析，可以知道，这张照片的主要问题在于人物的面部表情不够精彩。这种相对呆板的表情，会对画面的主题形成干扰，使整体作品感染力不够。

打开新的示例照片

本案例需要实现的效果是弱化人物表情的干扰，使画面的形式变得更加简洁、干净，来增强画面的感染力。

首先降低曝光值，整体压暗照片的影调；然后继续降低阴影部分，这样可以使人物面部隐入暗部，只是隐约呈现出面部轮廓。经过这样的调整，照片会变得更加含蓄、神秘，也会更加直接地表现出画面中的一些线条、平面、点和结构，使画面变得更耐看。

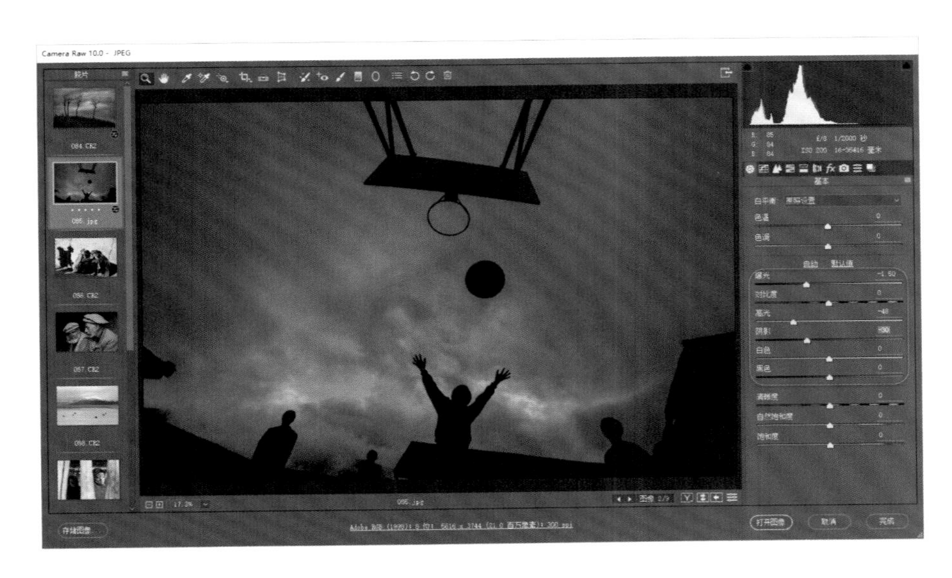

优化照片影调层次

确定调整思路并实现初步调整后，还要对各种参数进行一些微调，优化画面效果。

从本例可以知道，影调控制非常重要的一个作用是突出和强化创作者想要的内容，弱化或消除创作者不想要的内容，从而使主体更突出，使主题更鲜明，渲染出更漂亮的画面效果。

优化照片影调层次、细节和色彩

18.3 案例 3：彝族老人

原图

效果图

再来看下面的案例。可以看到，如果不对照片进行影调控制，背景墙体的亮度太高了，大大削弱了主体的表现力，这种影调结构是不合理的，必须通过后期调整进行优化。前期拍摄时无法将墙体变暗，一旦墙体变暗，那么人物面部会变得更暗，因此需要对人物面部进行大幅度的调整，才能使人物表情及动作变得生动。

打开新的示例照片

下面，对照片当前的状态进行调整。

降低高光值，可以使墙体的亮度下降；提亮黑色，不要使暗部“死黑”，应表现出更多层次；降低曝光值，使照片整体影调暗下来，整体变暗后，为了避免人物面部不够亮，还要再次轻微提亮阴影，使人物面部变亮一些。

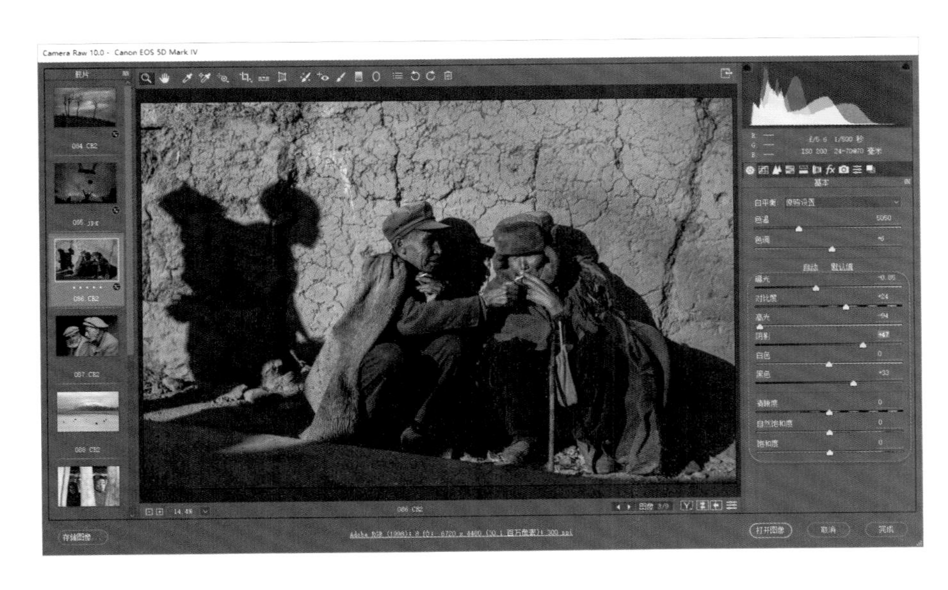

优化照片影调层次、细节和色彩

下面，加强清晰度，适当减轻一点儿饱和度，颜色有点儿偏洋红色，加一点儿黄色，再减少一些饱和度，制作出一种类似于低饱和度的效果。

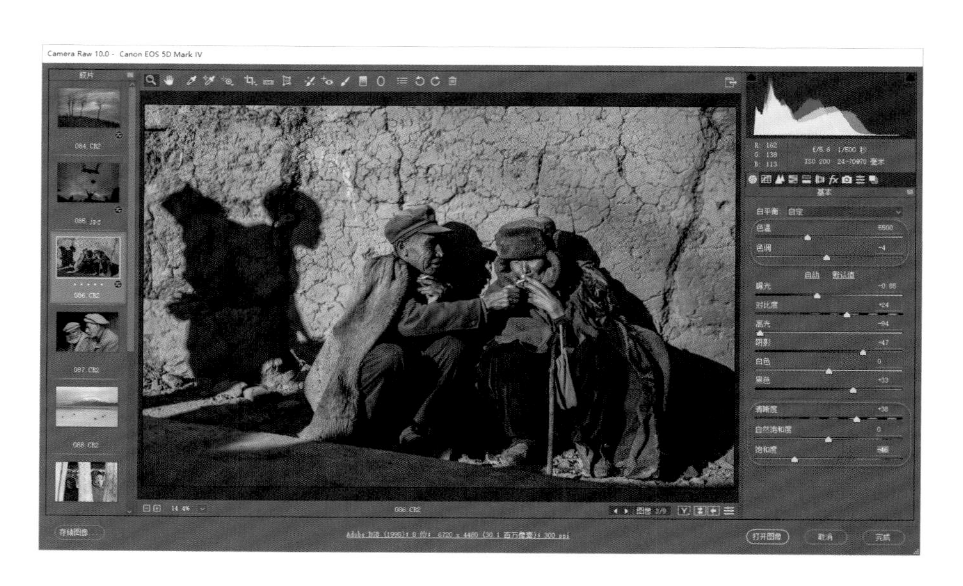

优化细节和色彩

下面，对照片影调进行进一步优化。

当前场景的光线是不规则的，从墙体的光影就可以看到，光影稍显散乱。使用“渐变滤镜”和“径向渐变”，都很难做到使影调变得干净、简洁，因此可以使用“调整画笔”工具进行处理，这种工具更加灵活。

选择画笔工具，先在画笔参数右上角打开下拉列表，在其中选择“重置局部校正设置”，将各种参数恢复默认状态，然后设定合适大小的画笔直径。

将调整画笔的参数清零

降低曝光值、高光、白色、对比度，然后用画笔在墙体上涂抹，降低其亮度，使墙体亮度整体变得均匀，并且整体变暗，于是就可以实现突出主体人物的目的。涂抹时要注意，对于人物边缘部分的涂抹要更加仔细，需要随时调整画笔直径的大小。一定不能使边缘部分出现较亮的白边，否则会使画面变得不自然。

利用画笔压暗人物之外的场景亮度

小提示

涂抹的关键点是在距离人物较远的位置，用大直径画笔涂抹，而在人物的边缘及衣物上，就要切换为小直径画笔进行涂抹。这样涂抹出来的效果才均匀，比较自然。

对于接近人物面部的部位，最好是单击“新建”单选按钮，新建一个“调整画笔”工具，调低画笔参数，降低流量，使涂抹的力度变小。否则以前面的大力度进行涂抹，那么边缘部分一定是不自然的。利用小直径、小流量的画笔对边缘比较敏感的部分进行涂抹，这样可以使较亮的人物面部与周边部分的过渡变得自然起来。

在涂抹边缘过渡部分时，还可以多次新建“调整画笔”工具，不断微调画笔直径和流量（主要是降低），对不同的位置进行多次涂抹，才能使边缘更加自然。

改变画笔的大小、羽化等参数

此时可以看到，通过影调调整，降低环境亮度，主体显然变得更加突出，照片氛围也就好了很多。

在对整体上的影调布局进行过调整后，现在就可以使用径向滤镜进一步降低周边环境亮度，对主体进行强化了。

创建“径向渐变”

最后，回到“基本”面板，对色彩进行微调，使画面效果更加漂亮。

优化照片影调层次、细节和色彩

对比调整前后的效果，可以看到，两者是截然不同的，调整之前的墙体亮度太高，影响了主体表现力。而优化之后，干扰变少，主体表现力自然就变得更强。

对比处理前后的效果

18.4 案例 4：老人肖像

原图

效果图

打开新的示例照片

与本章案例 3 的原理相同，本案例也可以用相同的思路来进行优化。

照片中有两个人物，显然左侧清晰的人物是主体，而右侧有轻度虚化的人物是陪体，但由于陪体人物靠近门边，光照条件更好，所以亮度很高，于是会干扰到主体人物的表现力。因此，需要对陪体人物及周边墙体进行压暗处理，这样才能凸显主体人物。

优化照片影调层次、细节和色彩

首先，降低曝光值、照片亮度和高光，恢复最亮区域的层次；适当微调照片的色温，改善画面色彩；适当提高清晰度，强化边缘轮廓。

切换到“效果”面板，适当提高去除薄雾的参数值，使画面变得更加通透。

提高去除薄雾的参数值

回到“基本”面板，对整体影调进行微调。要注意一点，此时出现了背景的暗部变为纯黑的问题，没有关系，因为原本就不需要画面深处的细节，所以没有必要提高黑色。至此，照片整体的影调处理完毕。

对照片影调层次进行优化

下面，在工具栏中选择“调整画笔”工具，在陪体人物及其周边的墙体部分进行涂抹。调整涂抹的参数，主要需要降低曝光值、高光和白色，再适当降低对比度值，使反差不会变得太高；另外，还要适当降低饱和度，避免降低亮度的部分色彩变得过分浓郁。

调整“调整画笔”工具参数，继续涂抹背景偏亮的部分

降低调整的参数幅度，在主体人物的衣物部分进行涂抹，避免衣服干扰面部的表现力。经过第一次的画笔调整，可以看到效果好了很多。

改变画笔的直径、羽化等参数

观察画面，可以看到，虽然陪体人物已经变暗，但这部分与背景暗部的层次有些单调，因此需要新建一个“调整画笔”工具，对背景的暗部进行涂抹，使这部分变得更暗一些。

单击“新建”单选按钮，新建一个“调整画笔”工具，适当增大调整幅度，对背景的墙体等部分进行涂抹，将影响主体表现力的没有用的部分都进行压暗和加深处理。如果效果不够，还可以继续增大参数调整幅度进行涂抹。

新建“调整画笔”工具

调整人物之间的缝隙时，要注意缩小画笔直径，否则会对人物面部等形成较大干扰。

改变画笔直径大小，精确调整局部区域

如果背景还是不够暗，那么可以再次新建一个“调整画笔”工具，提高调整参数值，继续进行涂抹。

再次新建“调整画笔”工具，将背景彻底涂黑

观察此时的照片效果，可以看到涂抹对于主体人物胳膊部分有些影响，胳膊变得太黑了。那么可以在右侧的参数面板中，单击“清除”单选按钮，然后在人物胳膊部分及其他涂抹过度的位置涂抹，使这些部分恢复。

恢复被涂黑的胳膊等位置

再次新建一个“调整画笔”工具，对当前仍然偏亮的人物衣服部分进行涂抹，降低这些区域的亮度。此时要注意，对于主体人物比较亮的衣物，要单独进行亮度的降低。经过多次调整，大部分调整工作就完成了。

涂抹衣物等偏亮的部分

在完成影调优化之前，还有最重要的一项工作要做，即提亮人物面部，特别是眼睛部分。新建一个“调整画笔”工具，参数设定是提高曝光值、白色、高光、对比等。适当缩小画笔直径，对人物面部进行涂抹提亮，使人物表情更加突出。

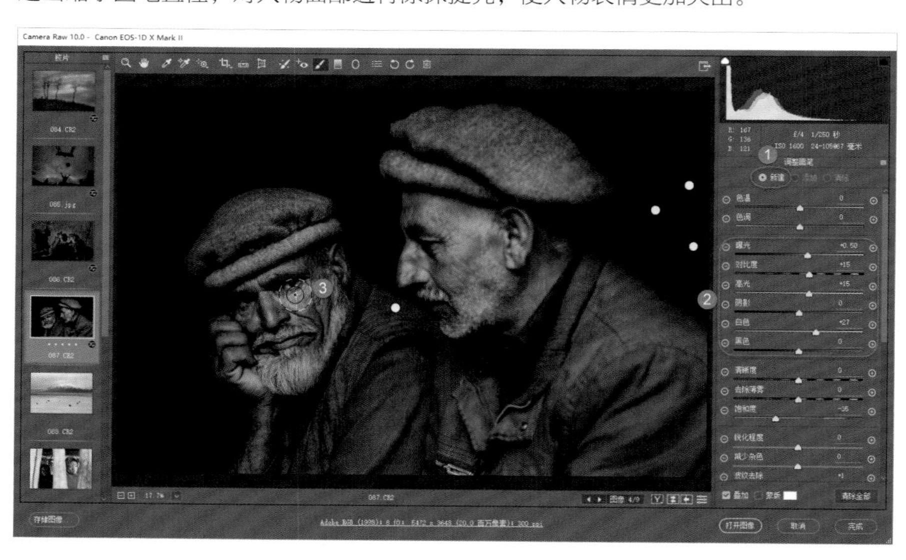

提亮人物的眼睛等重点部位

提亮人物的眼睛等重点部位

因为提高了对比度等参数进行人物面部的提亮，所以面部色彩可能会出现偏差，这时确保激活面部的“调整画笔”工具，对色温、色调这两个参数进行微调，使人物面部肤色变得更准确一些。

调整面部色彩

最后，完成调整，可以对比调整前后的效果。

对比处理前后的照片效果

总结：影调调整是非常重要的。可以通过对影调的处理，将观者的注意力快速地吸引到主体对象上，从而提升照片的艺术感染力。

18.5 案例 5：高原之舟

原图

效果图

无论人物还是风光题材，影调优化都是非常重要的。

观察本案例这张风光题材的照片，如果不对影调进行优化处理，主体对象是不够突出的。

打开新的示例照片

首先，降低曝光值、高光值，提高对比度，然后提高清晰度，强化景物轮廓，此时画面的主体会变得更加醒目，但画面的美感不足，需要进行更多的优化。

优化照片影调层次和细节

在工具栏当中选择“调整画笔”工具，尝试使用该工具将不需要重点表现的部分进行弱化处理，将需要重点表现的部分进行提亮，最终形成从暗到亮的影调过渡，使画面层次变得丰富、漂亮。

设定提亮参数，对主体所在的区域进行提亮处理，营造出光线照射的效果。

提亮主体部分

新建一个“调整画笔”工具，设定降低亮度和对比度等参数，对没有主体对象分布的前景进行涂抹，做压暗处理，使前景空旷的草地和主体所在的部分形成局部光的效果。

最终，通过明暗的对比突出了画面主体。

将偏亮的一些空白区域压暗

为了照片整体的美观程度，可以在天空部分制作一个“渐变滤镜”。滤镜参数设定为适当降低色温，可以使天空更蓝，适当降低对比度，强化一下环境氛围。

在天空部分制作“渐变滤镜”

上述调整都是影调优化的处理，绝大多数照片都需要这种调整。

对比调整前后的效果

18.6 案例 6：面孔

原图

效果图

观察本案例这张照片，整体影调相对合理，因此没有必要进行过多整体优化，但对于亮度过高的局部，如前面的柱子部分，就要进行压暗。

打开新的示例照片

选择“调整画笔”工具，降低曝光、高光、对比度及白色等参数值，进行涂抹，降低亮度，减少亮度过高产生的影响，提升主体的表现力。

利用压暗画笔将过亮的次要景物涂暗

如果一次调整的幅度不够，就要新建一个画笔，进行涂抹，继续降低柱子部分的亮度，削弱其干扰力。

新建“调整画笔”工具，继续涂暗次要景物

回到“基本”面板，对整体影调层次进行优化。

优化照片影调层次、细节和色彩

最后，制作一个“径向渐变”，使人物的整体更加突出。

新建“径向渐变”突出主体人物

18.7 案例 7：高墙下的老人

原图

效果图

打开新的示例照片

本章案例 6 中使用的“径向渐变”搭配“调整画笔”工具进行影调优化，本案例则有一些不同，具体的处理过程如下。

对照片进行影调层次和细节进行优化

先对照片的影调层次进行优化：整体提高曝光值，整体提亮画面，适当提高对比度，使层次变得更丰富。由于提高了曝光值，墙体亮度变得太高，使人物表现力变得不够，因此应该降低高光值，降低墙体亮度；降低黑色参数值，使暗部层次变得丰富一些。提高清晰度，强化人物轮廓。

本案例照片的局部影调优化，要尝试使用“渐变滤镜”来进行处理。选择“渐变滤镜”，从右上向左下制作“渐变滤镜”，参数设定为压暗，包括降低曝光值、对比度、白色、高光等。当然，不要忘记降低饱和度，避免因为降低亮度造成色彩过度浓郁。

制作“渐变滤镜”

小提示

一般情况下，利用“调整画笔”工具和“渐变滤镜”调暗局部影调时，都要进行对比度及饱和度的操作。

再从照片左下方向右上方制作一个同样参数的“渐变滤镜”。

通过两个“渐变滤镜”，模拟出了光线从左上方斜射下来的光束效果。

再次制作“渐变滤镜”

最后，整体上微调照片的各种参数，再调整照片的色温值，改变画面色彩，营造出一些不同的意境。

优化照片影调层次、细节和色彩

18.8 案例 8：黑人肖像

原图

效果图

打开新的示例照片

本案例这张照片的问题同样是主体不够醒目、突出，表现力不够强。具体来说，主要是一些暗部太亮，一些局部色彩过于浓郁，影响了主体部分的表现力。

先优化整体的影调和色彩，具体包括降低曝光值、对比度、高光、白色，并适当降低饱和度。

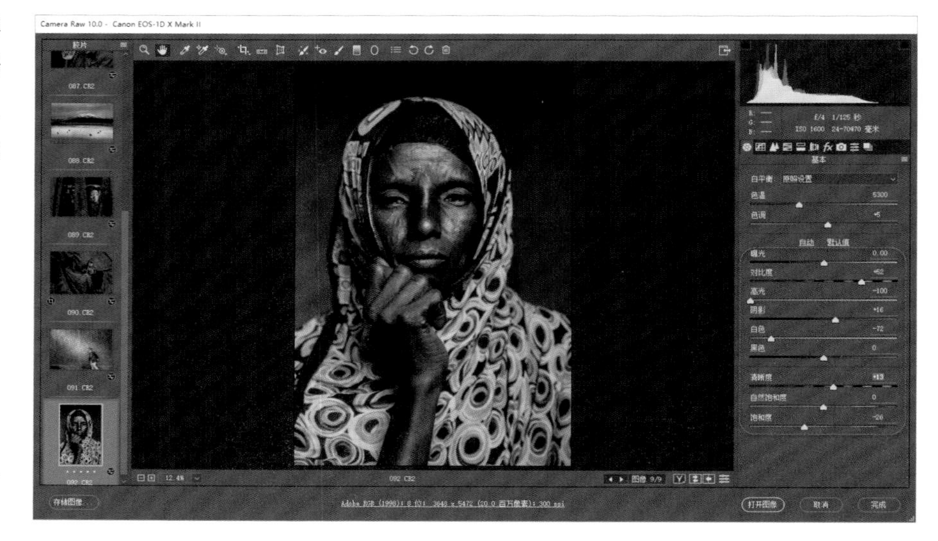

优化照片影调层次、细节和色彩

选择“径向渐变”，在人物面部制作滤镜区域，调整区域为外部，适当降低周边的亮度、对比度、饱和度等。

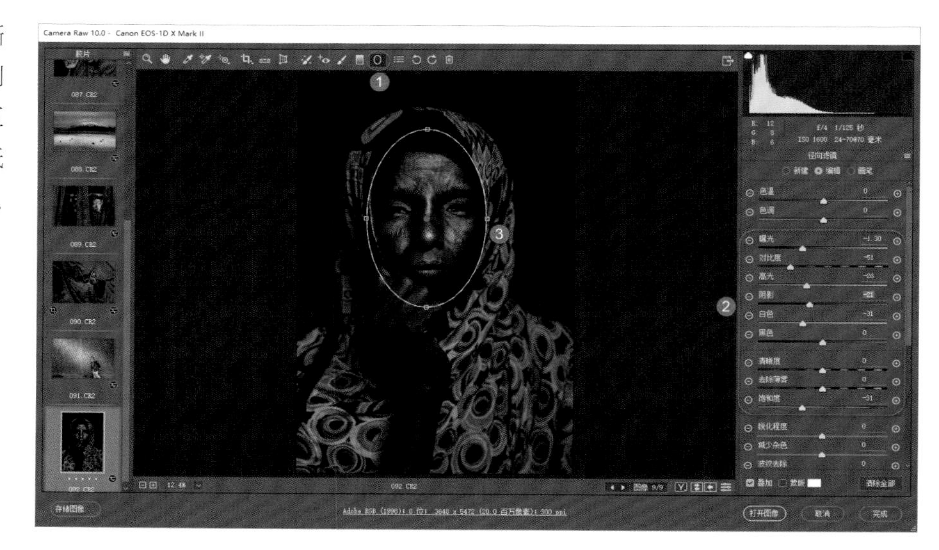

在面部制作“径向渐变”

然后选择“调整画笔”工具，对人物面部、手部的皮肤进行提亮处理，要注意胳膊部分的亮度要弱于面部。调整过程中，要随时注意改变画笔直径的大小，如胳膊部分就需要更小直径的画笔。

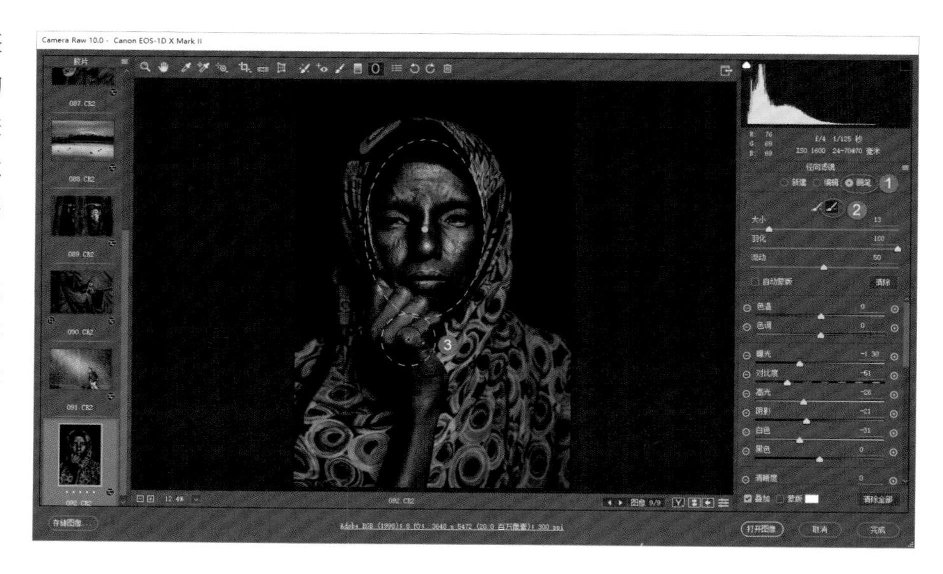

提亮人物手部等区域

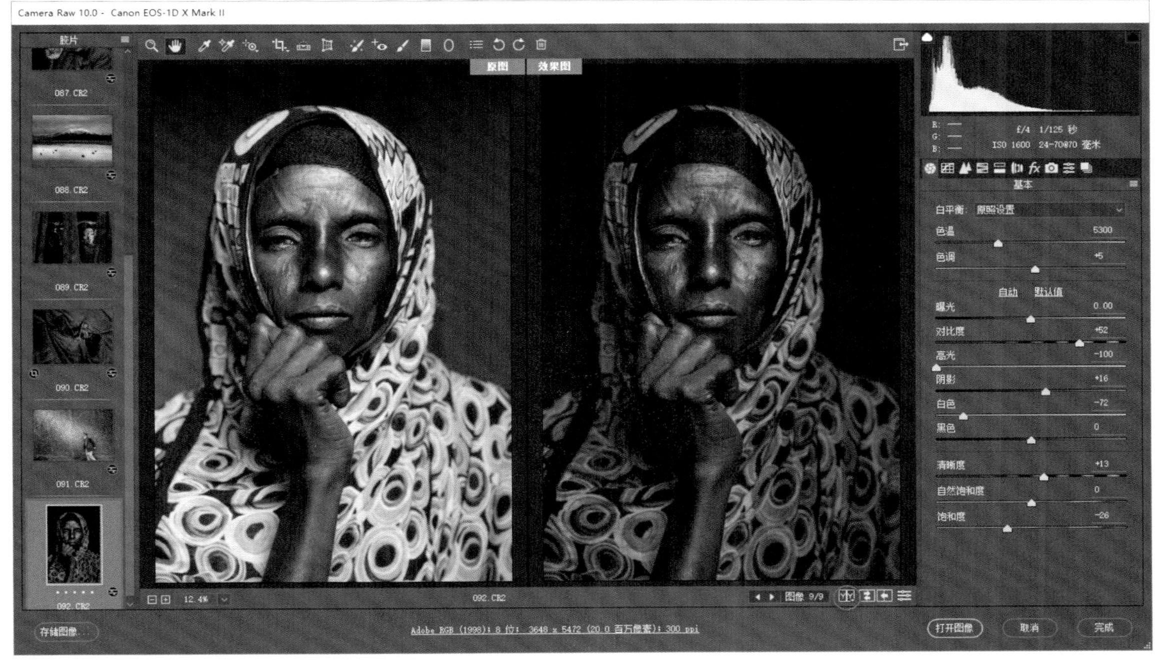

照片处理前后效果对比

18.9 本章总结

当创作者明白了影调控制的重要性及调整的原理之后，在控制照片的影调时，就会变得很容易；反之则把握不好调整幅度。

再次强调一下，使用“渐变滤镜”“径向渐变”和“调整画笔”工具对局部进行影调的优化，宗旨就是陪体始终要为主体服务，其表现力不能强于主体，否则就会喧宾夺主。

具体的实现过程，可以是深色陪衬和强调浅色，也可以是浅色背景突出深色主体，还可以是局部光照亮主体。总之就是要想尽一切办法，对主体进行强化，这就是影调控制的目的。

进行照片后期处理时，很多摄影师经常会由于难以判断哪种后期效果更好，导致后期处理变得很盲目。而利用快照功能，则可以存储处理过程中的多种效果，最后再回过头来选择一种合适的照片进行进一步的处理。

本章将介绍 ACR 中快照功能的使用方法和技巧。

19 一图多修——在快照之间对比

19.1 案例 1：多样的美

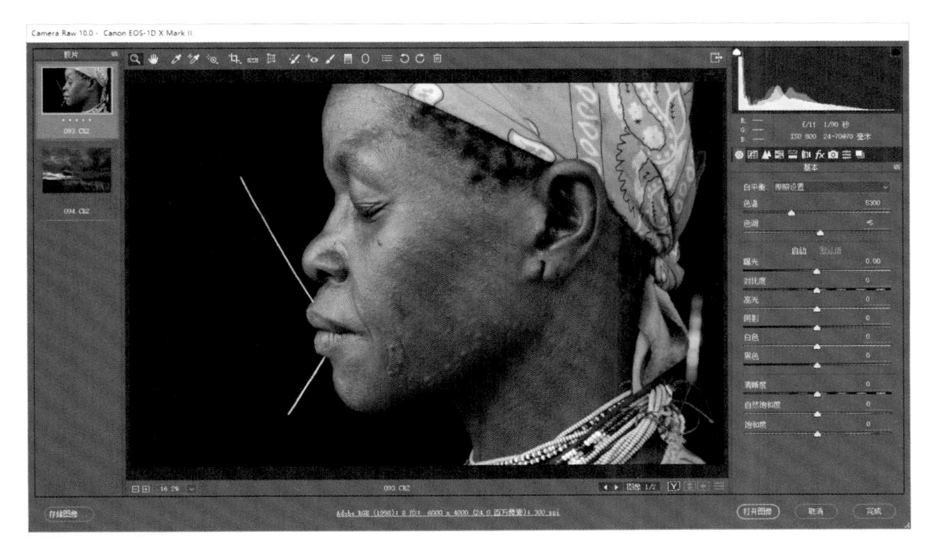

下面，来看具体的案例。如果用户无法确定这张照片处理为黑白、低饱和度或其他效果，则可以制作多种效果，最后经过比对，再选择出用户需要的效果。

打开新的示例照片

首先，对照片的明暗影调进行修饰，具体包括降低曝光值，适当提高对比度，并调整高光、阴影、白色和黑色等参数。

优化照片影调层次

对照片的清晰度进行加强，强化照片的细节轮廓，再对色彩进行调整，改变画面的一些色彩基调。

优化照片细节与色彩

选择“调整画笔”工具，对头部、脖子上的饰物部分进行涂抹，降低这部分的亮度和饱和度，避免这些部分影响面部的质感和表现力。

新建“调整画笔”工具，压暗人物的面部之外的区域

再单击“新建”单选按钮，新建一个“调整画笔”工具，对人物背光的面部进行涂抹，制作一定的阴影，打造更为丰富的明暗影调层次。对于参数设定，要注意降低曝光值，适当提高对比，等等。

新建“调整画笔”工具，压暗人物面部背光的区域

回到“基本”面板，对整体效果进行微调，照片优化完毕。

对照片整体影调层次、细节和色彩进行优化

如果用户感觉这种效果还可以，但却拿不准是不是想要的最佳效果，那么可以切换到“快照”面板，单击面板底部右下角的新建快照图标，新建一个快照，这样就为当前的处理效果建立了一个快照，即一个存储。

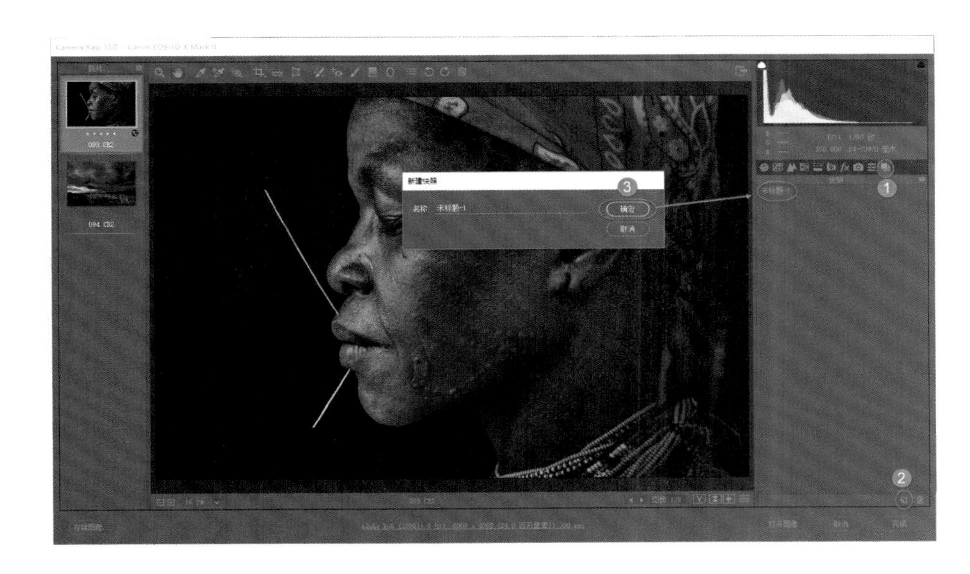

新建快照

下面，就可以对照片进行其他处理。比如，切换到“HSL/ 灰度”面板，勾选“转换为灰度”复选项，将照片转为黑白效果。

在下方不同的色彩通道中，对不同的色彩滑块进行调整，改变这些色彩对应区域的明暗，优化黑白照片的影调层次分布。

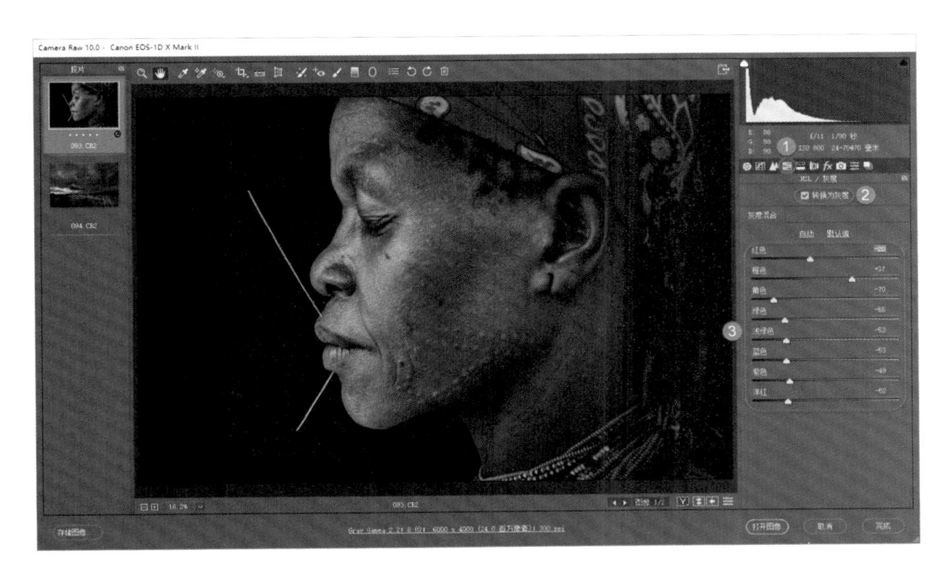

将照片转为黑白效果

调好黑白效果后，切换至“快照”面板，再次创建一个快照，默认命名为快照 2。

分别单击快照 1 和快照 2，就可以查看当前存储的这两种处理结果。当然，还可以根据实际需要，来创建快照 3、快照 4……最终对多种快照进行比较，选出用户最满意的一个。

快照的好处很多，它并不是将 RAW 格式文件关闭后就会消失，如果完成处理，那么这些快照都会存储到.XMP的暂存文件中，以后再次打开这个RAW 格式文件时，仍然存在已经制作的快照。从这个角度来看，不妨多制作一些快照。

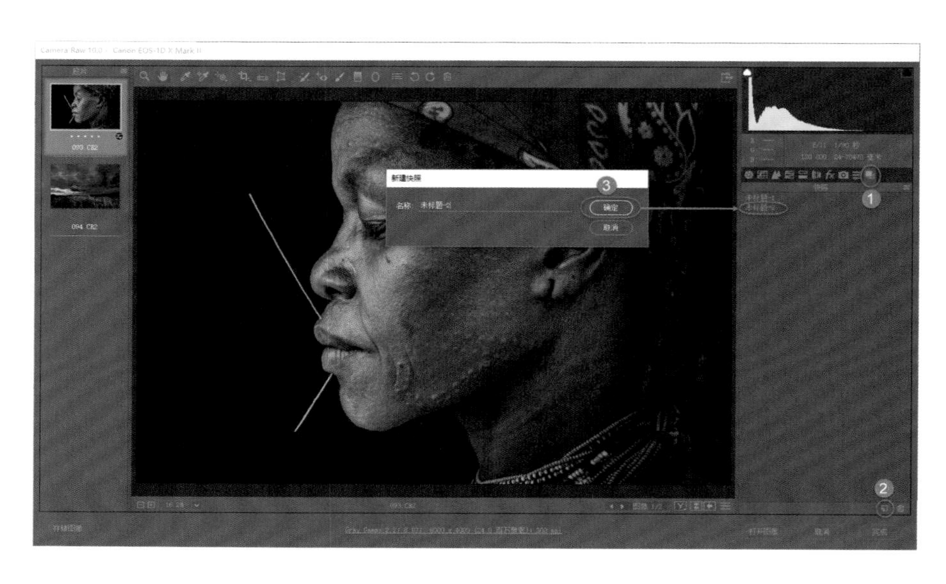

新建快照 2

下面，再来制作一种低饱和度的快照。回到“基本”面板，降低自然饱和度及饱和度；适当改变色温和色调值，改变色彩的基调。

饱和度及色彩倾向的变化，会使画面的影调产生一些不好的变化，因此还需要对中间的影调参数进行一些微调。

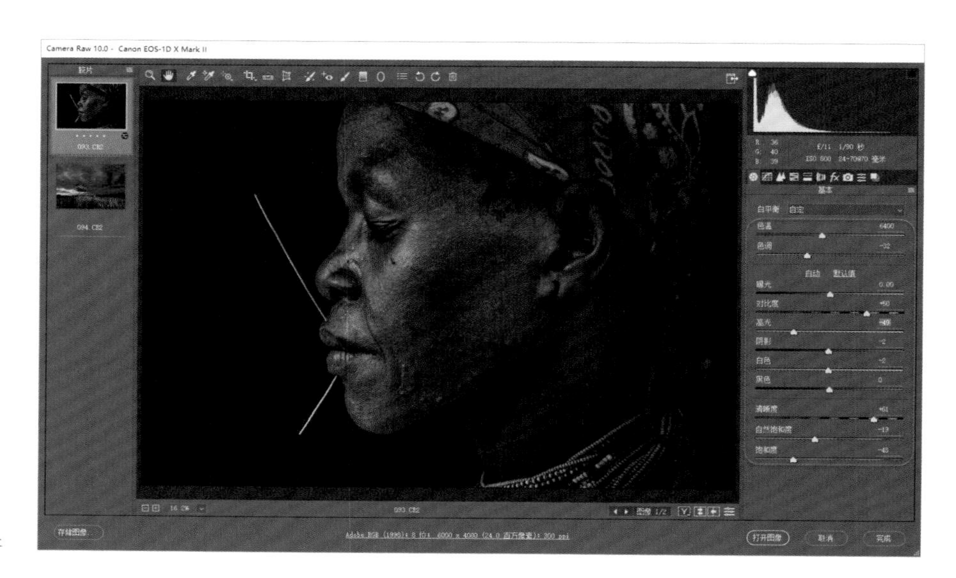

制作低饱和度效果

调好之后，再次切换到“快照”面板，新建一个快照，名称为快照 3。最后用户可以再次判断这 3 种结果，从中进行选择。

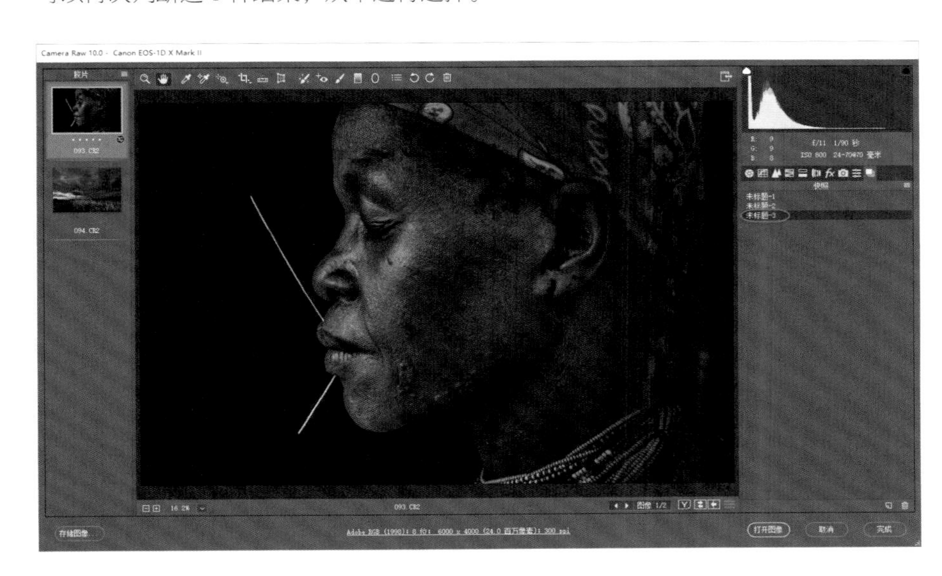

新建快照 3

制作多种快照效果进行比对和选择，有多种好处。

其一，如果对照片的效果没有太好的把握，可以通过制作多种快照，进行多次的比较，有利于选出最佳的照片效果；其二，尝试制作不同的影调层次和色彩效果，可以加深用户对软件的理解和掌握，提高自己的修片感觉。

19.2 案例 2：一棵树

处理本案例这张照片也是一样，如果无法确定处理为哪种效果更好，就可以先制作多种快照。

打开新的示例照片

首先进入“基本”面板，对照片的影调和色调进行全方位的调整，将照片修饰到用户比较满意的程度。

优化照片影调层次、细节和色彩

将照片处理为一种比较冷的色调，如果感觉还可以，那么就先制作一个快照。切换到“快照”面板，单击新建快照图标，新建一个快照就可以了。

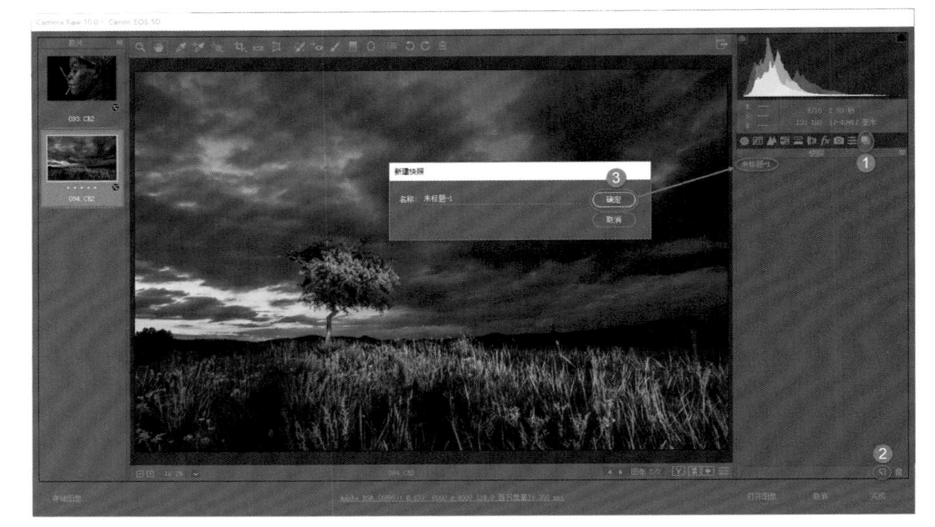

新建快照 1

下面，再尝试将照片转为黑白效果，看一下效果如何。切换到“HSL/ 灰度”面板，勾选“转换为灰度”复选项，将照片转为黑白效果。并且要对各种不同的色彩通道进行微调，改变黑白照片的影调层次分布。

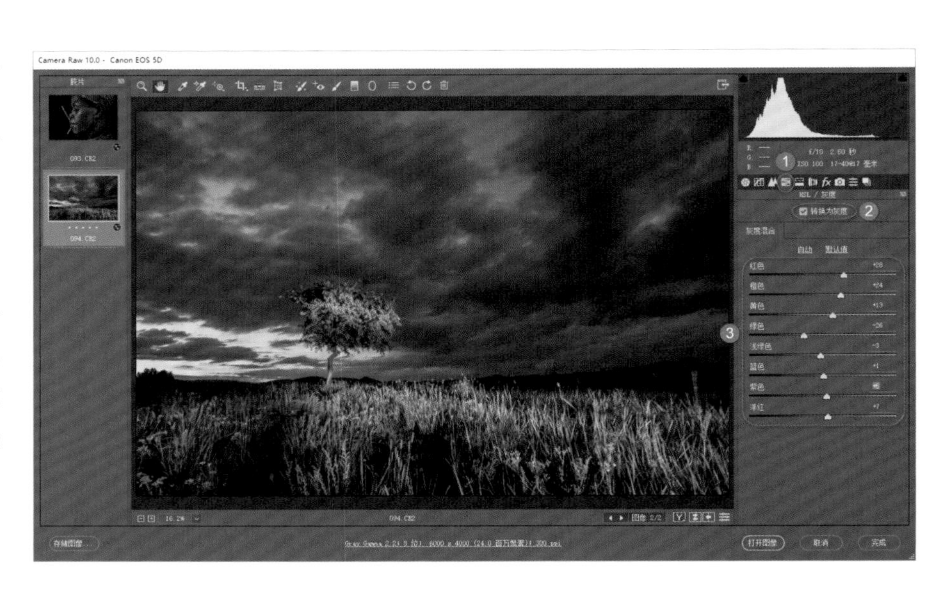

将照片转为黑白效果

回到“基本”面板，对照片的整体影调层次进行微调。

优化照片的整体效果

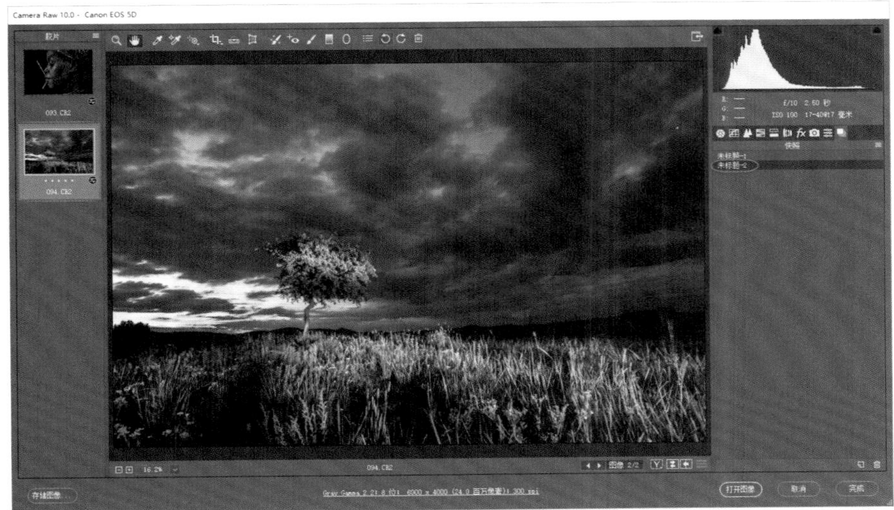

调整光照效果，修片完成，再新建一个快照。

新建快照 2

最后便是对两个快照对应的两种效果进行横向的对比。从这个角度看，快照可以帮助用户加强对于照片的感知和判断能力，如果用户暂时拿不准照片处理哪种效果好，就可以多创建几种快照，进行对比后再选择，或是做好存储，以后再进行比较和选择。

19.3 本章总结

摄影是一种主观性非常强的艺术，对于摄影作品来说，并没有严格意义上的好与最好。可能有人喜欢色彩浓郁的画面效果，有人则喜欢低饱和度的色调，而还有人则倾向于用黑白来呈现画面。即便是同一个人，不同时间，不同心情的前提下，对照片的喜好也会有所差别。

ACR 中的快照，充分考虑到了摄影师对于作品不同表现的需求，可以实现一图多修、一图多存的效果。从这个角度来看，快照是非常实用的一项功能，可能会被用户忽视，如果用户使用过该功能，就会知道该功能是如此贴心，如此好用。

高级篇

黑白作品以简约、凝练、神秘、含蓄的艺术感染力吸引了广大摄影爱好者，无论风光还是人文领域，黑白都被广泛应用。下面，主要介绍黑白风光摄影作品的制作技巧。

在 ACR 中，处理 RAW 原文件，将彩色照片制作为黑白效果，是所有黑白照片制作的相关技巧中最好的一种。而前期拍摄中，没有任何一款相机能够拍摄出后期转换黑白的效果。当前一些专拍黑白效果的相机主要是针对业余爱好者或不熟悉数码后期的用户推出的，因为任何一款相机或软件都不可能根据影调需求智能的转为黑白效果，相机自动或软件自动由彩色转黑白的过程中，都是采用了一种通用的算法进行转换，于是就无法实现摄影师的创作思路，无法实现摄影师满意的效果。也就是说，只有人为控制转黑白效果的影调明暗变化，才能将各种色彩变为黑白效果后达到最合适的亮度需求。实际上彩色照片转黑白效果主要就是对不同色彩明度的提升或降低。

20 黑白风光照片调整核心技术

20.1 案例 1：屹立千年

原图

效果图

打开新的示例照片

下面，讲解如何将本案例这张照片恰当地转为黑白效果。

一般是先控制原彩色照片的亮度，也就是明暗影调层次。单击“自动”按钮，使软件自动优化照片影调，虽然优化后的照片存在很大问题，但至少提供了一种调整方向作为参考。

优化影调层次与细节

继续对各种影调控制参数进行调整，轻微提高曝光值、对比度，降低高光值，恢复高亮部分的细节层次，再提亮阴影、黑色，追回暗部的细节层次。提高清晰度值，强化景物的边缘轮廓。

也就是说，即便要进行黑白转换，也应该提前将照片的高光、亮部及暗部的影调调整到位。

切换到“HSL/ 灰度”面板，勾选“转换为灰度”复选项，可以看到照片变为了黑白状态。

将照片转为黑白效果

注意 *本书使用的软件版本为 Adobe Camera Raw 10.0，照片转黑白时是在“HSL/ 灰度”选项卡中勾选“转换为灰度”复选项。软件版本为 10.3 的用户要注意，照片转黑白的方式是在“基本”选项卡中选择“黑白”单选项，其后续其他操作与 10.0 版本完全相同。后续案例不再单独说明。*

此时的黑白效果为默认效果，显然与摄影师的期望是有一定差距的。要对影调进行优化，需要在下方不同色彩的明度通道中进行调整。其原理是改变特定颜色的亮度，来改变转为黑白效果后的照片影调。

处理本照片时，要使天空的影调更深一些，那么只要将天空对应的蓝色明度降低，就可以使黑白照片的天空亮度变低。

要注意的是，自然界中一般不存在非常纯粹的色彩，蓝色往往会与青色等色彩混在一起，一旦只大幅度降低了蓝色的明度，那么可能就会出现像素的断层，画面变得不再平滑。因此，大幅度降低了蓝色的明度后，一般还要适当降低与蓝色相邻的色彩的明度，使蓝色天空区域的像素保持平滑。本例中，降低蓝色后，再适当降低青色的明度即可。

下面，再优化其他景物的色彩。沙漠会呈现黄色、橙色和红色的混合色，如果提亮这 3 种色彩的亮度，可以使沙漠部分的影调变得比较明亮，与变暗后的天空形成丰富、平缓的层次过渡。

但要注意一点，黄色、橙色和红色明度的更改，还应该有一个目的，那就是使地面环境的色调显得更协调，使画面显得更加简洁、干净。

调整参数和画面效果如下图所示。

如果画面中没有的色彩，就可以随意调整了，不过一般来说，还是应该调暗一些比较好。

对黑白效果进行优化

转换为黑白效果时，大幅度压暗或提亮某些色彩的明度，虽然可以强化照片的影调层次，但如果幅度太大，会使该色彩与周边色彩出现色调分离的问题，出现像素断层、噪点等现象。所以，实际调整中，要注意观察画质，在影调控制与画质平滑之间找到平衡。

调完黑白后，回到“基本”面板，再次对照片的影调进一步优化；还可以通过拖动色温和色调滑块，改变照片的影调风格。至此，照片完成调整。

再次优化照片层次和细节

20.2 案例 2：光与影

原图

效果图

RAW 格式的黑白转换，大致思路是一样的。再来看一个案例。

打开新的示例照片

先在“基本”面板中，对照片的明暗影调进行优化。具体包括曝光值、对比度、高光、阴影、白色及黑色等参数，都要进行一定的调整，以得到更好的影调优化效果。最后提高清晰度，强化景物边缘轮廓。

优化照片影调层次、细节和色彩

切换到“HSL/ 灰度”面板，勾选“转换为灰度”复选项，将照片转为黑白效果，此时软件会对照片的黑白影调自动进行一次调整。

将照片转为黑白

前面已经介绍过，自动调整的黑白效果远不是摄影师想要的。下面，对不同色彩的明度进行明度调整，改变黑白照片的影调层次。本例中，即便大幅度改变多种色彩的明度，黑白影调的变化也不会太明显，因为原图的色彩就很单调，只有淡淡的浅黄色。

进一步优化影调层次

回到“基本”面板，通过影调参数对黑白效果进行优化。微调各种参数，使影调层次得到进一步优化。

提高去除薄雾的参数值

对本照片来说，还要切换到“效果”面板，适当提高去除薄雾的参数值，使照片变得更加通透。

处理本照片这种比较简单的场景时，往往需要通过强化质感来增强照片的表现力。因此才提高了去除薄雾和清晰度的参数值。

提高清晰度

本照片的主体对象基本上位于画面中间，并且周边相对空旷，那么可以考虑在四周制作一些暗角，来突出和强化主体对象。选择“径向渐变”，制作一个径向渐变区域，调整目标是选区之外，降低外部的亮度，于是就可以突出中心位置。

制作“径向渐变”

最后，整体上微调一下照片影调，就可以完成整个黑白效果制作过程了。

最终优化影调层次与细节

20.3 案例 3：路漫漫

原图

效果图

其他风光题材的黑白制作，是可以触类旁通的。来看这个案例，这是一张隔着玻璃拍的照片，颜色有些偏离。而如果转为黑白效果，就不存在色彩的干扰问题了。

打开新的示例照片

首先控制照片的影调层次，依然按前面所介绍的思路，对影调进行调整后，提高清晰度，强化景物轮廓。本例中，因为是隔着并不干净的玻璃拍摄的，照片有些不清晰，所以清晰度的提高幅度应较大。

优化影调层次与细节

虽然清晰度已经调到最高，但仍然显得不够通透，所以切换到“效果”面板，提高去除薄雾的参数值，使照片变得通透起来。至此，原图的影调初步调整才算完成。

提高去除薄雾的参数值

切换到“HSL/ 灰度”面板，勾选“转换为灰度”复选项，将照片转为黑白的自动调整效果。

在底部调整不同色彩的明度，改变照片影调。如果用户不熟悉应该调哪种色彩，只要随时勾选和取消勾选“转换为灰度”复选项，就可以查看原照片的色彩分布，再在黑白照片中改变不同色彩明度时，就能做到有的放矢了。

对不同色彩明度的调整和照片效果如下图所示。

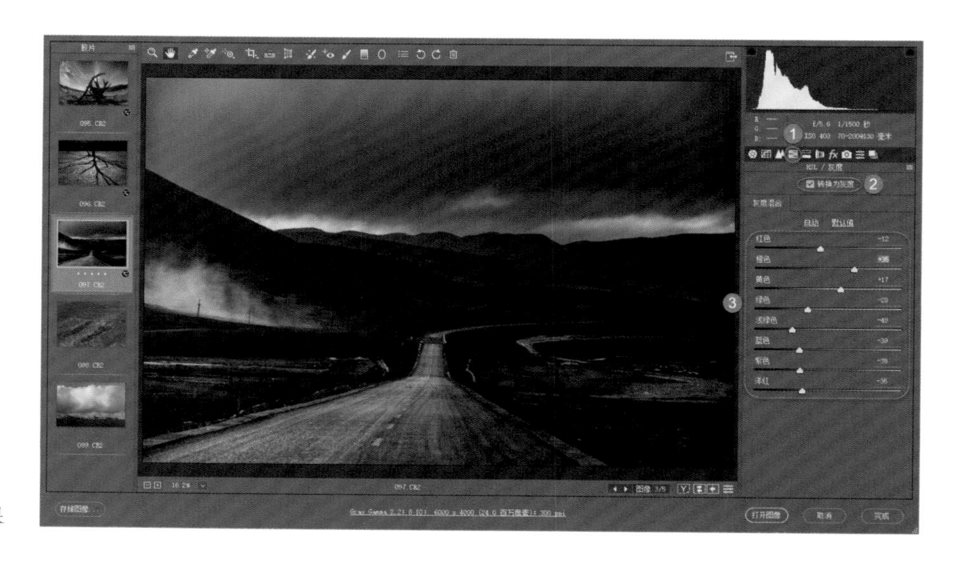

将照片转为黑白效果

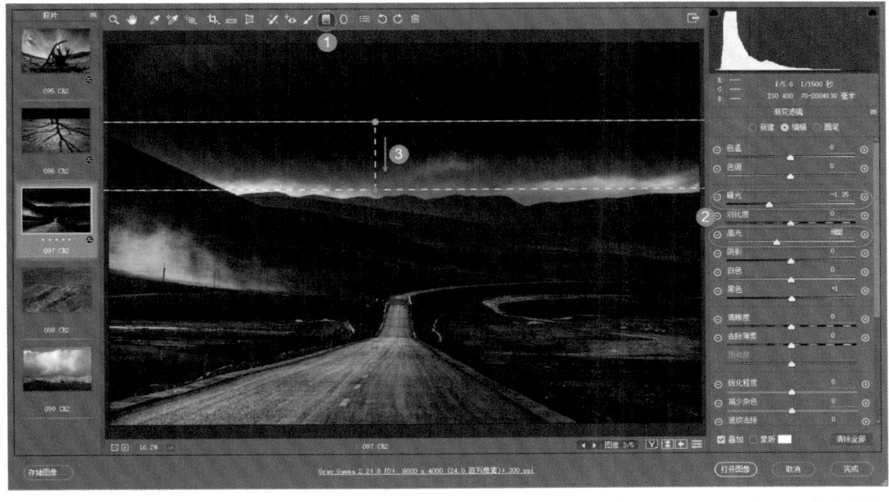

在天空部分制作“渐变滤镜”

分析此时的照片，可以看到天空亮度是有些偏高的，可以使用“渐变滤镜”来进行调整。选择“渐变滤镜”后，由上向下拖动，制作一个“渐变滤镜”，参数设定要降低曝光值，其他参数也应该相应调整，使天空亮度变低，并且要变得自然、协调。将照片变为低调的风光画面。

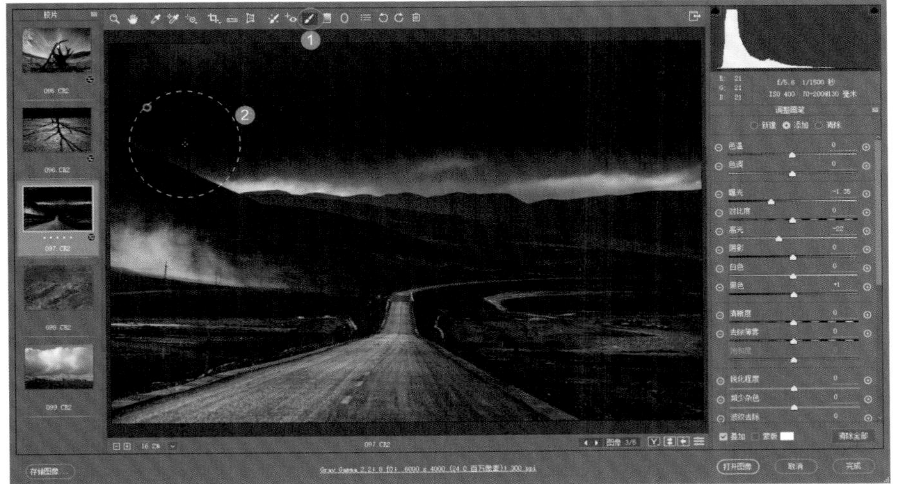

利用画笔工具将天空不够暗的位置也涂得更暗

即便已经对天空部分进行了亮度的降低，但观察天空的左侧，有些具体位置仍然偏亮。选择“调整画笔”工具，依然是设定降低亮度参数，在这些亮度过高的局部进行涂抹，使这些局部与天空整体的影调协调、一致起来。

利用提亮画笔提亮路面

此时的路面，作为视觉中心来说太黑了，应该进行提亮操作。新建一个“调整画笔”工具，参数设定为提亮，然后对路面进行涂抹提亮。涂抹时，要根据路面宽度的变化，及时改变画笔直径的大小，使涂抹更加精确。

改变画笔直径大小，对较远的路面进行涂抹

相比彩色照片，黑白照片对于影调的控制更为重要。因为这种照片中，只有黑、白和灰 3 种影调，如果影调控制不当，那么对照片画面效果的破坏会很严重。

回到“基本”面板，结合直方图，对各种参数进行精确调整，最终得到更理想的照片效果。

优化照片层次与细节

20.4 案例 4：初雪

原图

效果图

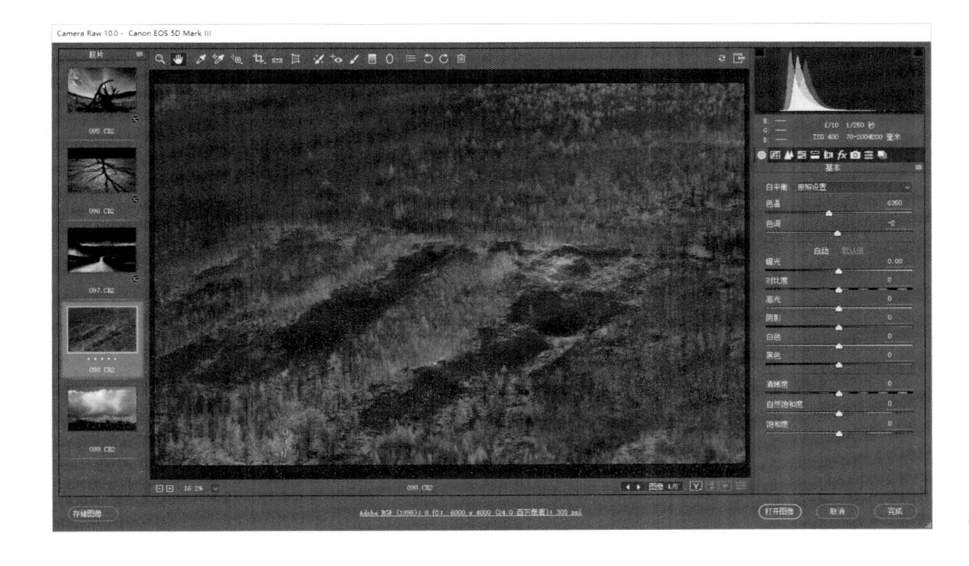

打开新的示例照片

先打开原图。

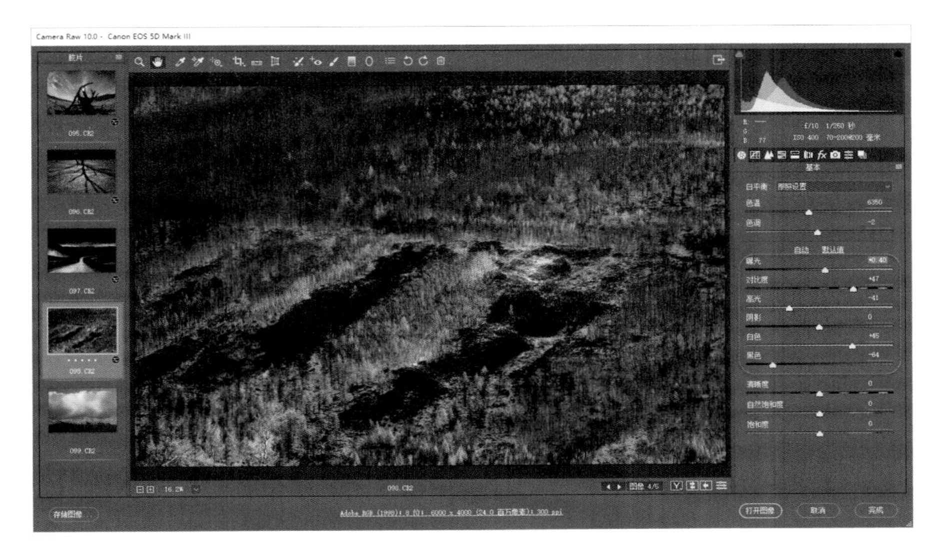

对照片层次进行优化

对照片的影调进行优化，并提高清晰度。

虽然这张照片经过一定的优化后，彩色的效果也非常棒，但为了统一风格，介绍黑白效果制作的相关技巧，仍然准备将其转为黑白效果。

切换到“HSL/灰度”面板，勾选“转换为灰度”复选项，将照片转为黑白效果。

如果不对照片进行明度层次的优化，那么黑白效果就太差了，树木都融入背景中了，层次感极弱。取消勾选“转换为灰度”复选项，在照片彩色状态下可以看到树木的色彩为暖色调，而背景的山体色彩偏蓝，然后再次勾选“转换为灰度”复选项。

降低蓝色的明度，可以看到，背景山体的亮度变低；再提亮树木相关的色彩，主要是橙色、黄色和红色，将这 3 种色彩都提亮一些，避免出现像素的断层和色调分离。此时可以看到，照片效果好了很多，层次变得丰富。

虽然画面效果得到了一定的优化，但从亮到暗的过渡仍然不够平滑，因此适当改变其他几种色彩的明度，使这些色彩的影调起到衔接明暗影调的作用，使照片整体的影调层次丰富、明显、平滑。

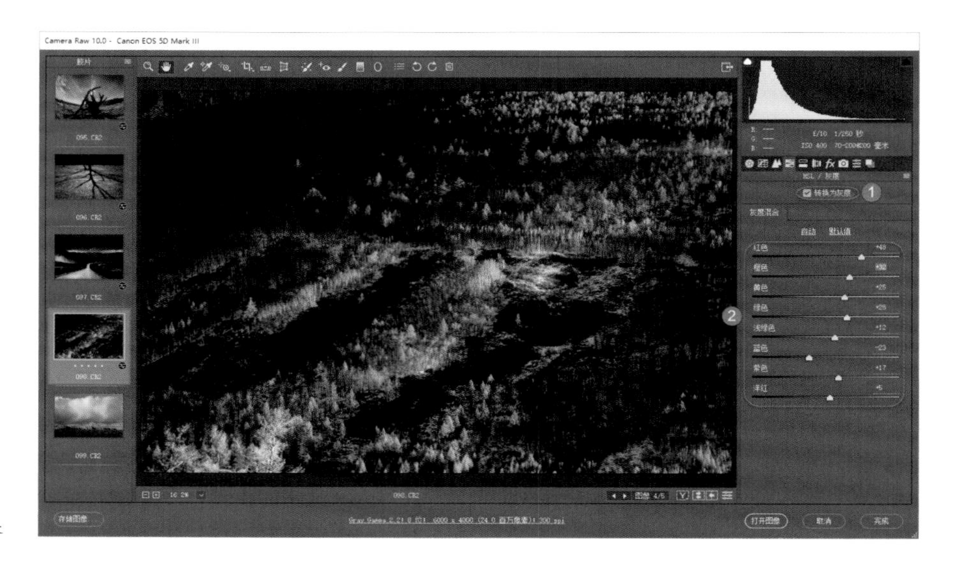

将照片转为黑白效果

回到“基本”面板，对阴影等参数进行微调，恢复一些已经彻底变白，或彻底变白的像素细节。也就是说，虽然这是一张低调的黑白风光照片，但是暗部也不能变为纯黑，亮部更不能出现大量的高光溢出。

最后，完成照片的制作。

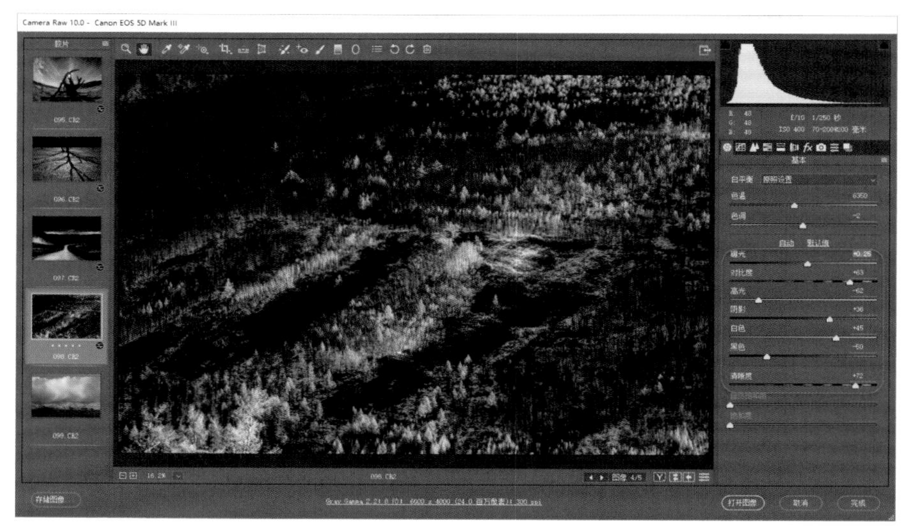

对转为黑白效果后的照片的层次与细节进行优化

20.5 案例 5：山雨欲来

原图

效果图

前面已经对多个案例进行了黑白转换调整，可以看到所有的案例制作都是有相同的思路和原理的。都是首先对原彩色照片的影调层次进行整体优化；第 2 步是转换为灰度；第 3 步是对不同色彩的明度进行调整；第 4 步是回到起点，在“基本”面板中对黑白照片的影调进行再次优化。最终得到完美的黑白照片效果。

打开新的示例照片

再来看一下本章最后一个案例。

优化照片影调层次与细节

先在“基本”面板中，对彩色的原始照片进行影调的优化，包括曝光值、对比度、高光等参数的调整，影调初步优化到位后，提高清晰度值，强化景物边缘轮廓。

事实上，影调和清晰度的调整，除可以优化影调层次外，还要起到突出主体、弱化干扰的作用。

切换到“HSL/ 灰度”面板，将照片转为黑白效果，再对不同色彩明度进行调整，最终得到更理想的黑白照片效果。

本例中，很明显蓝色的天空部分是不需要的，这也是一般风光题材的处理思路，大多数情况要降低蓝色明度；而中景的山体部分，则是要强化的一个位置，因此要适当提高黄色、橙色等的明度，使山体部分变得明亮。此时的参数和照片画面如下图所示，于是黑白照片的层次就比较丰富了。

小提示

当然，对不同色彩明度的调整，还可以在工具栏中选择“目标调整工具”，直接在对应色彩上按住鼠标左键并拖动，也可以改变这部分色彩的明暗影调。

将照片转为黑白效果

分析照片，虽然影调层次比较丰富，但一些局部区域的亮度太高，需要进行调整。

选择“调整画笔”工具，设定降低亮度的参数，对这些局部进行压暗处理，压暗时要确保这些局部与周边区域亮度变得协调、一致。

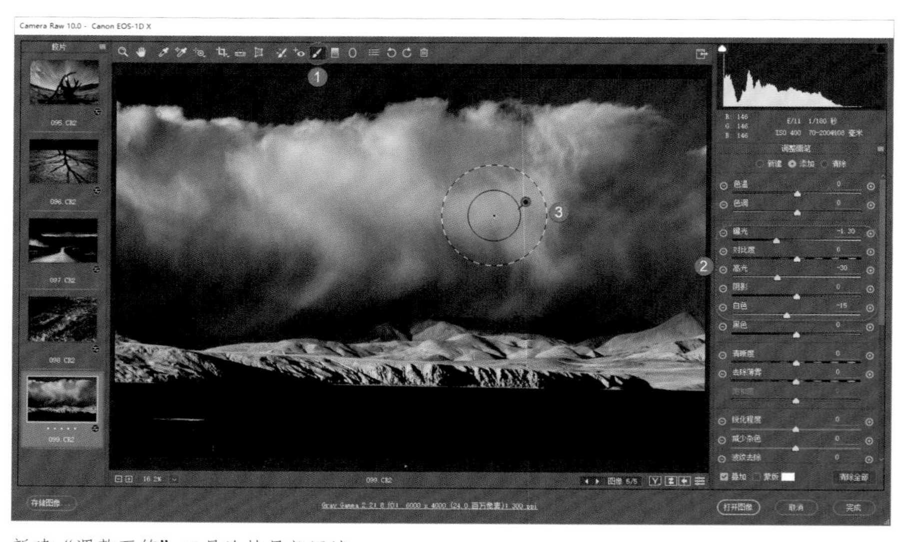

新建“调整画笔”工具涂抹局部区域

再次新建一个“调整画笔”工具，对另外一些亮度较高但又不是太高的局部区域进行优化，使杂乱的区域变得干净、简洁，使观者的注意力都集中到山体及天空的云层上。

新建“调整画笔”工具涂抹山体部分

此时感觉作为视觉中心的山体不够亮，可以再新建一个“调整画笔”工具，对山体进行涂抹，提亮时要适当提高对比度，避免层次过于模糊，当然还要注意不要产生高光溢出的问题。

提亮山体部分

并不是说，介绍过黑白制作的思路和流程后，在实际操作中就不能做出任何改变了。大致制作好照片后，还要根据照片的实际情况，结合 ACR 的不同功能，对照片进行微调和优化。

实际应用当中，用户一定要灵活运用前面所介绍的知识，一切以制作出更漂亮、更具内涵的黑白作品为准则。

最后回到“基本”面板，再对各种参数进行微调，微调时要适中结合直方图进行操作，避免出现严重的影调问题，以得到更佳的效果。至此，本案例照片的黑白制作过程就完成了。

优化照片整体的影调层次

20.6 本章总结

本章通过多个案例，介绍了风光题材照片的黑白制作技巧。从本质上说，正确的黑白制作，应该是通过对不同色彩明度的调整来实现的，如果调整后有些局部亮度太高或太低，还应该结合“调整画笔”工具等，对这些局部进行调整，以实现理想的、完美的黑白照片效果。

无论彩色还是黑白照片，如果不做影调控制和优化，都不会十分完美。

在彩色转黑白的过程中，主要有两类图片：一类是色彩鲜艳并繁杂的，另一类是色彩本身就比较淡雅、色彩种类又比较少的照片。它们转换的方法有一定差别。处理色彩偏淡的照片，在转黑白效果过程中，因为色彩本身就不明显，无论怎样调整色彩通道的明度，黑白影调的变化也不会明显，所以需要通过影调的控制，来强化明暗层次。

本章将学习人文照片黑白效果调整的核心技术。

21 人文照片黑白效果调整核心技术

21.1 案例1：童趣

原图

效果图

打开新的示例照片

从本案例原图可以看到，色彩感很弱。在ACR的“基本”面板底部将饱和度降低为0，这种方法与在“HSL/灰度”面板中勾选“转换为灰度”复选项转黑白效果的方法，并没有本质的不同。也就是说，这两种方法，无论采用哪种都是可以的。

将照片转为黑白效果

本案例可以采用第1种方法，直接将饱和度降为0。然后对转为黑白效果后的照片进行影调的控制，主要调整项有适当降低曝光值、提高对比度，降低高光，提亮阴影和黑色。

提高清晰度的值，强化拍摄场景中各种对象的轮廓。

适当调整色温值，并微调影调层次参数，改变画面影调。

改变照片影调层次

照片大致调整完毕，但并不算太完美。观察牛背，可以看到是有轻微的高光溢出的。

此时可以选择“调整画笔”工具，缩小画笔直径，设定画笔参数为降低高光、提亮阴影，在牛背高光溢出的位置轻轻涂抹。

利用“调整画笔”工具对高光部分进行涂抹

最后再回到“基本”面板，对照片整体的影调进行微调，完成调整。

优化照片整体影调层次

21.2 案例 2：部落女人和孩子

原图

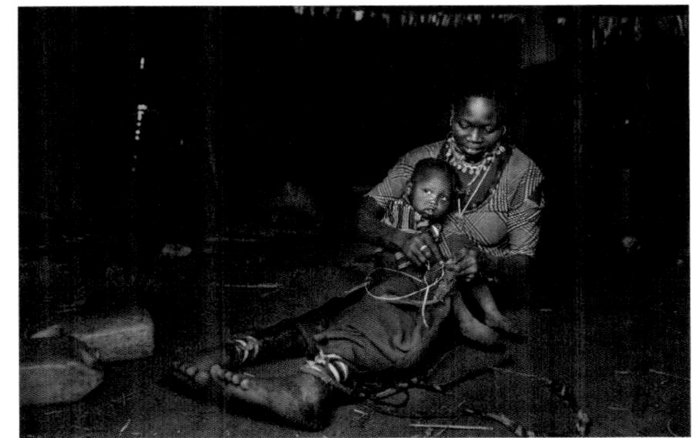
效果图

打开要处理的照片，可以看到本例照片的色彩要丰富一些，稍稍显得有些杂乱。

打开新的示例照片

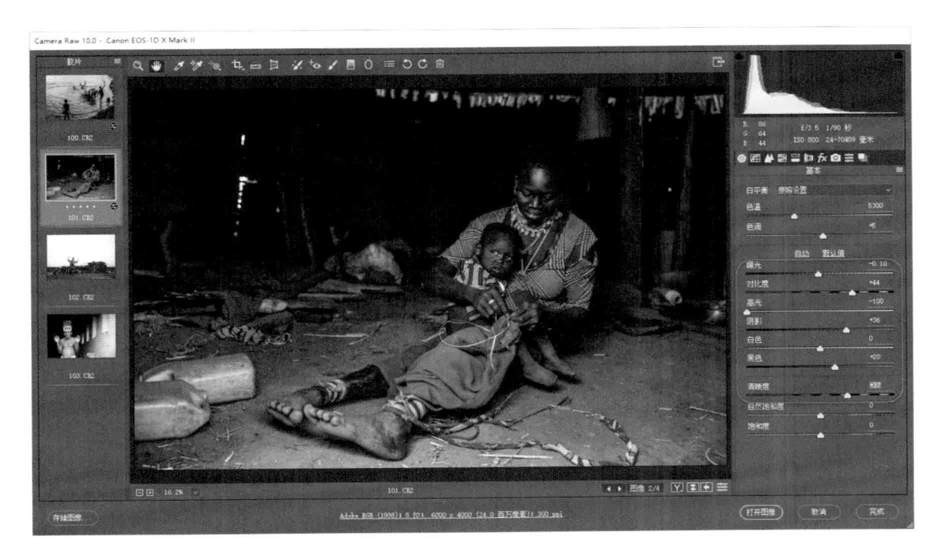

首先也是要调整照片的整体影调层次和画面细节。包括提高曝光值、对比度，降低高光，提亮阴影和黑色，再适当提高清晰度强化轮廓。

对照片影调层次与细节进行优化

影调层次和细节都调整到位后，切换到“HSL/ 灰度”面板，勾选“转换为灰度”复选项。

处理主体为人物的画面时，在色彩通道中，一般要适当提高橙色、黄色和红色的明度。人的肤色中主要有这几种颜色。通过提亮这几种色彩的明度，可以使人物肤色变亮。

人物肤色之外的色彩明度，大多是要进行降低处理。这样可以使周边环境的影调变得暗淡一些，不会干扰人物的表现力。

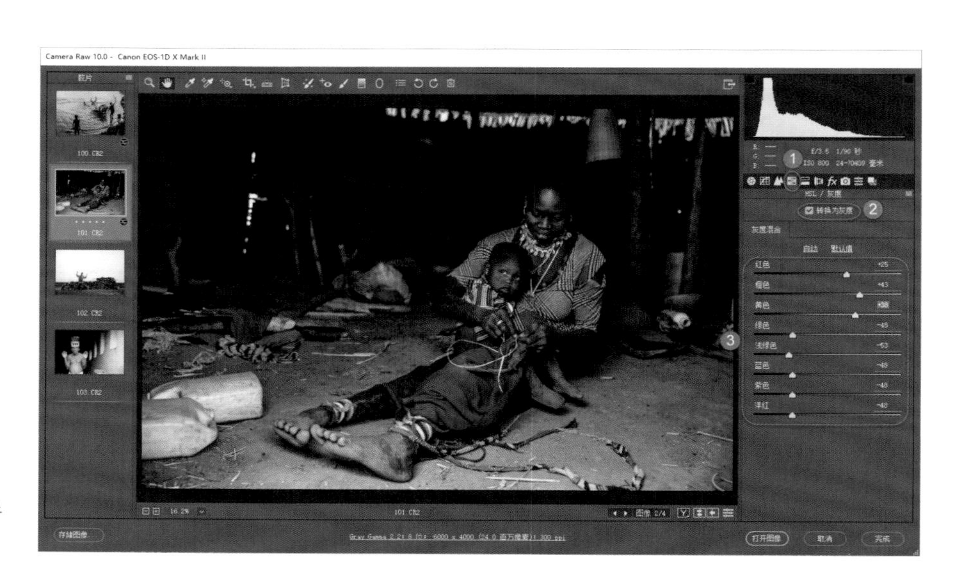

将照片转为黑白效果并适当调整

至此，主要的调整完毕。回到“基本”面板，再次对影调层次和细节进行微调。再对色温和色调进行轻微调整，改变画面整体的明暗倾向。

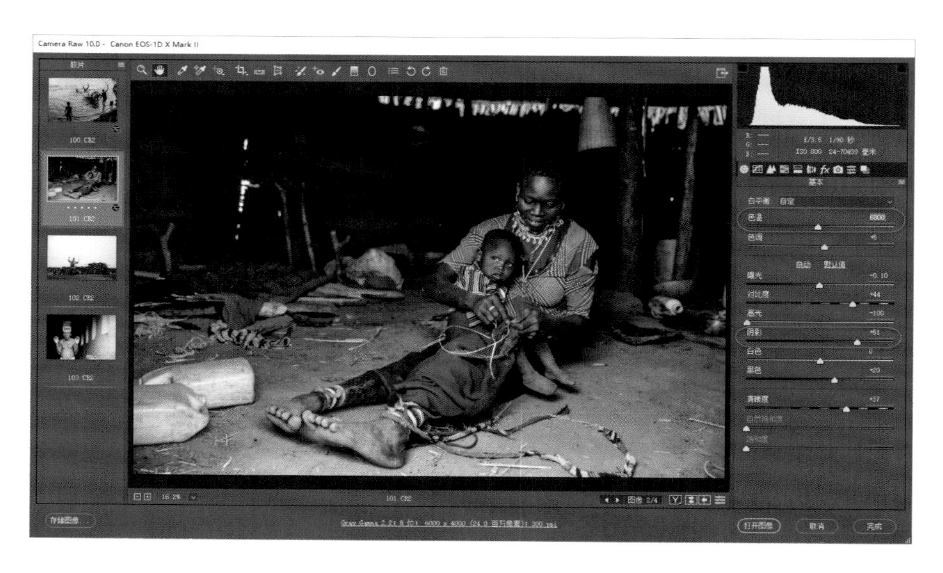

在“基本”面板中调整照片影调层次

下面，将要进行非常重要的一步，即对画面局部影调进行调整和优化，使周边杂乱的环境元素变得暗淡，使影调协调、一致，使画面整体显得比较干净，并且使人物比较突出。

在工具栏中选择“径向渐变”，在人物区域制作一个椭圆形的渐变区域。调整“径向渐变”之外的区域，调整的参数主要设定为降低曝光值、高光、白色、对比度等，其中高光和白色降低的幅度更大一些。

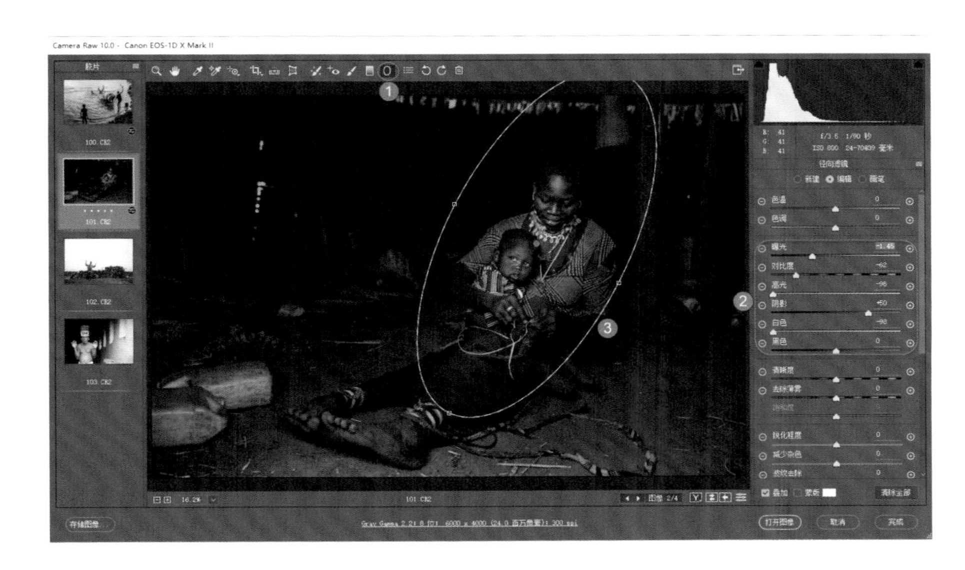

制作“径向渐变”突出人物

在面板右上角单击“画笔”单选按钮，模式为“减去”，将一些不需要变黑的部分恢复。因为“径向渐变”的效果过于规则，会将人物的脚部等也变黑，此时画笔工具的用途就是恢复这些部位。

利用画笔的“减去”功能对人物变暗的肢体部位进行涂抹

新建一个“调整画笔”工具，此时的参数要设定降低曝光值、高光、白色和对比度等，要对场景当中一些局部更小的干扰进行优化。如照片左下角一团较亮的区域，显得非常碍眼，那么就要通过这种涂抹，将其亮度降低。

在使用“调整画笔”工具进行局部的涂抹时，如果效果太强烈，那么还要不断改变参数及画笔流量，使涂抹的效果比较自然。

经过多次的涂抹和调整，可以使画面的影调协调起来，并且主体相对突出。

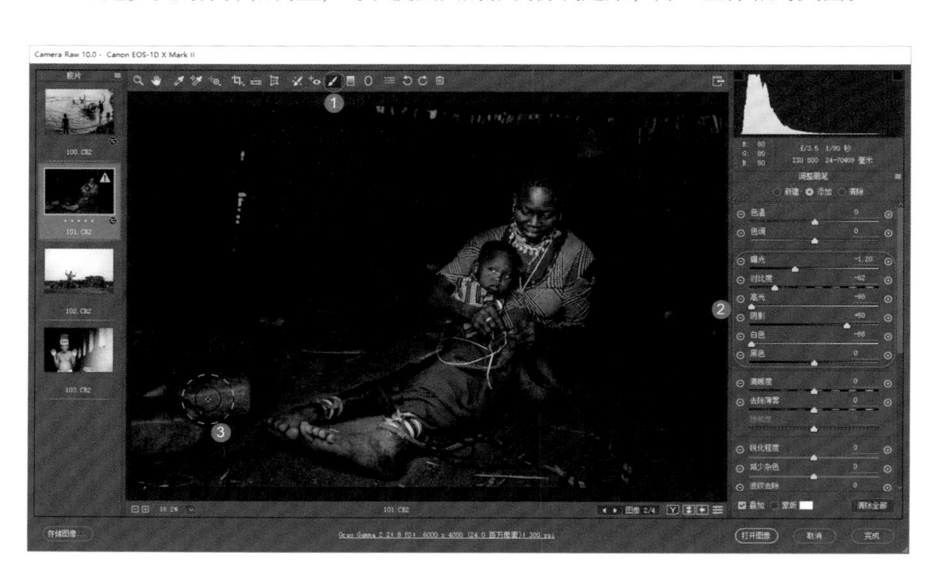

利用“调整画笔”工具涂黑背景偏亮的部分

再次新建一个“调整画笔”工具，单击右上角的下拉列表按钮，在展开的下拉列表中选择已经建立好的提亮高光预设，在人物面部涂抹，使作为视觉中心的人物面部表现力更强一些。如果涂抹后的高光过强，那么可以适当降低画笔参数中的曝光值、高光等。

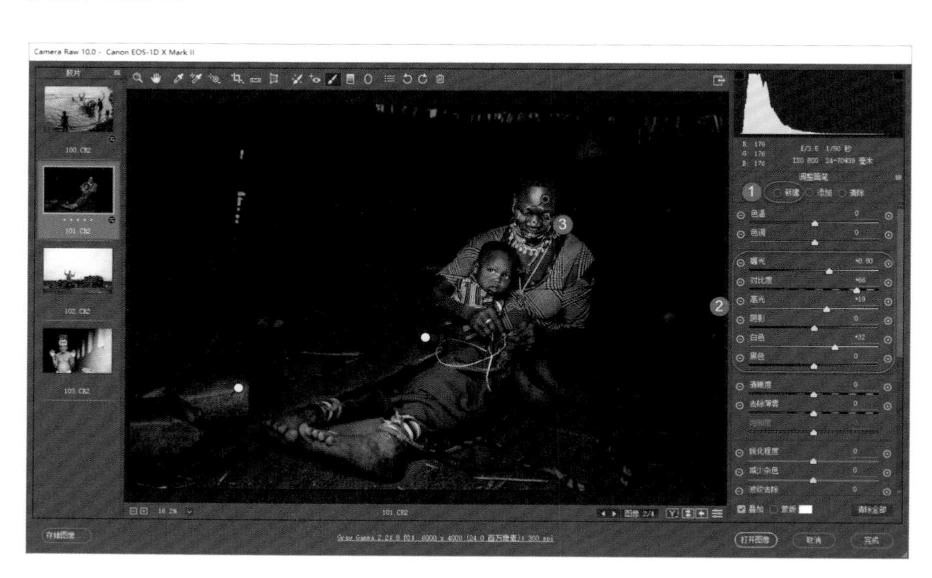

提亮人物面部

回到“基本”面板，调整整体的亮度和对比度。此时整体上再仔细观察一下照片，找到一些轻微的瑕疵，进行修复。至此，这张照片调整完毕。

总结：黑白照片的影调调整是非常重要的。另外，无论风光照片还是人文照片，最终利用“调整画笔”工具对局部进行修复和调整，是其中的关键环节。

对照片整体进行影调层次和细节优化

21.3 案例 3：祈祷

原图

效果图

再来看这个案例，先打开照片。可以看到照片有大面积非常亮的天空，色彩表现力也不够好，因此转为黑白效果是理想的选择。

打开新的示例照片

由于照片的色彩感很弱，因此可以直接将其转为黑白效果。前面已经介绍过相关方法，两种方法均可，本案例选择在“HSL/ 灰度”面板中勾选“转换为灰度”复选项，将照片转为黑白效果。

要提亮人物肤色部分，需要在底部的色彩明度中，提亮橙色、红色和黄色的明度，使人物变得突出。

下面，降低其他色彩的明度，弱化环境的亮度。通过提亮人物压暗环境，就可以使画面中的人物变得突出一些。

将照片转为黑白效果并适当调整

小提示 *处理包含人物的人文类题材，转黑白效果时，基本上就是前 3 个色彩明度参数要适当提高，而后面的色彩明度参数要适当降低。*

回到“基本”面板，对影调层次参数进行调整，强化画面的影调层次和细节。主要包括降低高光和白色、提亮阴影和黑色，使天空部分变暗，并使原本偏暗的人物部分变得更亮。

选择“渐变滤镜”，在天空部分制作由上向下的“渐变滤镜”，继续压暗天空部分，营造出更丰富的层次。至于参数设定，很明显要降低曝光值、对比度、高光、白色等。

在天空部分制作“渐变滤镜”

此时照片四周存在暗角，如果要消除，可以切换到“镜头校正”面板，勾选“启用配置文件校正”复选项，就可以有效地消除暗角。

如果发现暗角消除过度，四周反而变得亮度太高，比中间还亮，那么就要在底部的校正量参数组中，适当降低晕影这个参数值，对暗角的校正的程度进行恢复，确保四周不会太亮。

至此，照片就调整完毕了。

对照片进行暗角的校正

21.4 案例 4：印度少数民族

原图

效果图

来看这个案例，先打开照片，这是笔者在印度拍摄的一个当地少数民族。当前全世界全身刻满文字的人，只剩下 5 个人，这是其中的一人。

打开新的示例照片

从画面本身来看，右侧的墙体色彩并没有什么积极的意义，所以要将照片转为黑白效果。

在转黑白效果之前，先对整体影调层次和细节进行调整。在“基本”面板中，对各种参数进行调整，具体包括降低高光、加强对比度等，本案例提高对比度和清晰度可以使人物身上的文字变得更清晰。

对照片影调层次和细节进行优化

切换到“效果”面板，适当提高去除薄雾的参数值，使画面更通透。

提高去除薄雾的参数值

先切换到“HSL/灰度”面板，勾选“转换为灰度”复选项，将照片转为黑白效果。本例中，要将所有的远处的背景全变黑，右侧的墙体部分也尽量变暗一些，这会有利于突出人物，所以对于右侧青蓝色的墙体，明度降低的幅度要稍大一些。

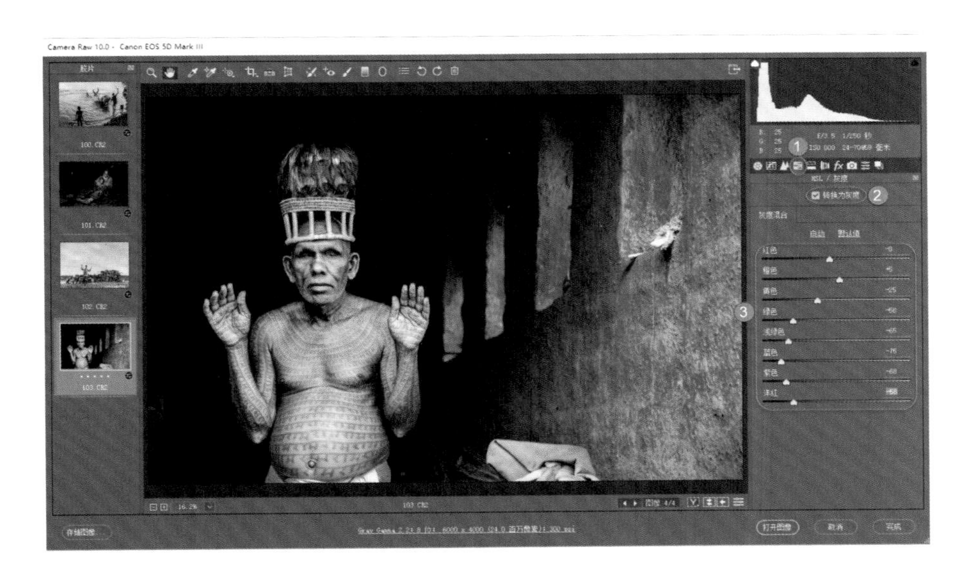

将照片转为黑白效果并适当优化

回到“基本”面板。可以看到此时的照片中，右侧墙体亮度还是太高，严重干扰了人物的表现力。先新建一个“径向渐变”，在人物位置制作一个滤镜，确保人物部分亮度足够，而压暗四周环境的亮度。

制作“径向渐变”突出人物

选择“调整画笔”工具，在右侧墙体部分涂抹，继续降低墙体的亮度，削弱这部分的干扰力。

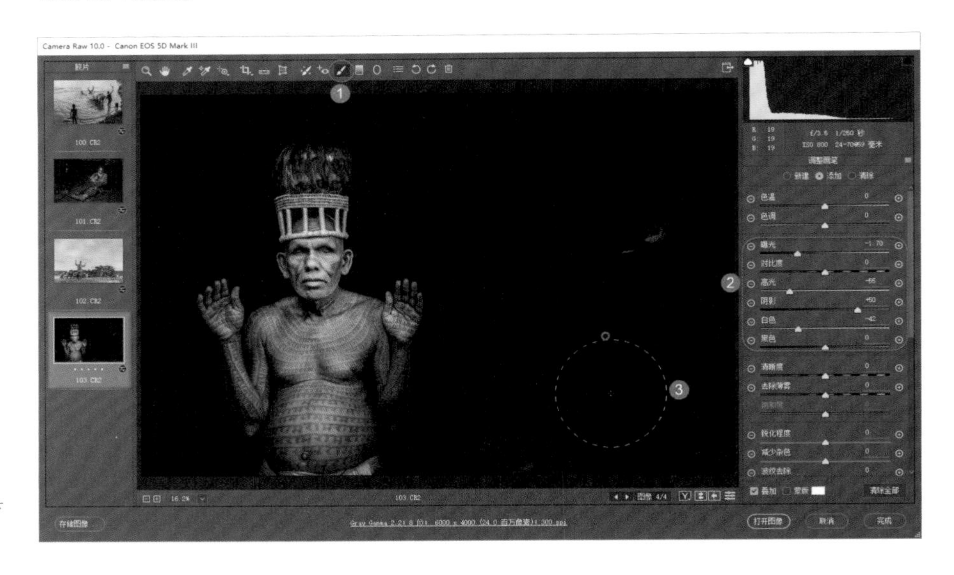

使用“调整画笔”工具涂暗背景

前面的“径向渐变”调整使人物的手部变得太暗了，因此这里再次在工具栏中选择“径向渐变”，激活前面建立的滤镜，在“径向滤镜”面板右上方单击“画笔”单选按钮，模式为“减去”，在人物手部涂抹，从滤镜中减去手部部分，恢复这部分的亮度。还要将身体上、头部等受到影响的部位都恢复回来，变得亮一些。

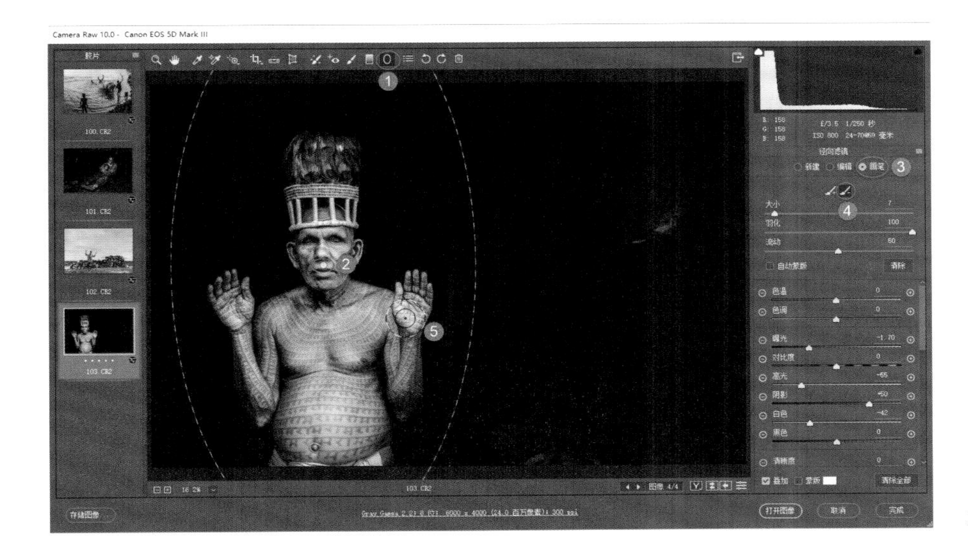

对人物面部进行还原

回到“基本”面板，再次提高清晰度，并微调各种影调控制参数，对画面的层次和细节进行优化。至此，照片调整完毕。

优化照片整体影调层次与细节

21.5 本章总结

本章通过多个案例中人文照片的黑白转换调整，可以知道黑白影调的转换完全是要手动进行的，要依靠用户对影调的理解。

在 ACR 中对照片的调整完成后，还可以载入到 Photoshop，对照片进行进一步的精修。需要注意的是，转为黑白效果后，要载入 Photoshop，照片的色彩空间也是灰度的，需要进行更改。单击 ACR 底部中间的工作流程选项链接，打开“工作流程选项”对话框，在其中要将色彩空间改为 Adobe RGB 或 ProPhoto RGB，转换之后，再将照片载入 Photoshop 进行精修，才是更好的选择。

摄影创作过程中，除了正常的色彩、冷暖色调之外，还有一种色调——复古怀旧色调，这也是深受大家喜爱的一种色调风格。复古色调能够使照片看起来更加古朴，更加耐人寻味。

本章将学习复古、怀旧色调的制作思路和技巧。

22 复古怀旧色调渲染核心技术

22.1 制作复古怀旧色调

原图

效果图

打开新的示例照片

在 ACR 中同时打开要调整的照片，可以在左侧的窗格中看到照片列表。先切换到第 1 张，即准备调整的照片。

裁剪，进行二次构图

可以看到照片右侧有些穿帮，因此先选择“裁剪工具”，裁掉右侧有问题的部分。因为也要裁掉天空和前景非常空旷的部分，所以照片会变为宽画幅。这时可以用鼠标右键单击裁剪区域，在弹出的菜单中选择 16:9，将照片裁剪为一种比较规范的宽画幅比例，确定裁剪范围后在保留区域内双击鼠标，即可完成裁剪。

在“基本”面板中，改变影调控制参数，对照片的影调层次和细节进行调整优化。具体包括提高曝光值和对比度、降低高光、提亮阴影。

优化照片影调层次

因为照片的色彩种类较多，并且色彩饱和度较高，所以要适当降低一些饱和度和自然饱和度；轻微提高色温，改变画面的色彩风格，使画面稍微变暖一些。

制作怀旧复古色调 1

当前已经得到了一种低饱和度的画面风格，随后可以考虑对照片进行更多的色彩渲染。复古色调的制作，会有一些怀旧感，除了低饱和度是必需的之外，还有一些颜色效果需要制作。制作这些色彩效果，往往要在“色调曲线”面板中实现，切换到“色调曲线”面板，切换到“点”选项卡，再在下方切换到蓝色通道。

轻微降低蓝色曲线的高光部分，使照片覆盖上一层淡淡的黄色；在中间调区域制作一个锚点，稍稍向上拖动恢复一些，避免照片中的暗部黄色过重，否则会不自然。

制作怀旧复古色调 2

回到“基本”面板，再对影调参数进行微调，可以看到照片变得不再鲜亮，有一种淡淡的怀旧感。

本案例的思路，是制作怀旧色调最简单的方法。

优化照片整体影调层次、细节与色彩

22.2 利用同步设置将复古怀旧色调复制到其他照片

下面，将这种调整思路应用到其他照片上。先按住键盘上的 Ctrl 键，分别单击每张照片，将这些照片全部选中；然后在左侧的胶片窗格右上角，打开下拉列表，在列表中选择“同步设置”菜单命令。此时，会弹出“同步”对话框，保持对话框中各复选项的选中状态，然后单击“确定”按钮。

可以看到，打开的多张照片，都同时被渲染上了前面处理过的复古色调。

将制作好的复古怀旧色调同步到其他照片

22.3 对同步设置的不同照片进行单独调整

由于每张照片的亮度和影调层次分布都是有差别的，但此时都套用了第 1 张照片的影调层次和细节优化方案，因此需要单独对后续的每张照片进行影调层次的单独调整。

只要根据每张照片的实际情况，分别调整该照片的亮度和反差就可以了。如果有些照片轮廓模糊，还可以适当提高清晰度强化边缘轮廓。

当然，在实际处理过程中，还可以根据实际情况，对色彩进行一些微调。

优化第 2 张照片的影调层次、细节与色彩

优化第 3 张照片的影调层次、细节与色彩

优化第 4 张照片的影调层次、细节与色彩

如果某些照片有局部瑕疵，还可以使用“渐变滤镜”“径向渐变”和“调整画笔”工具等进行一些局部优化。如第 3 张照片，天空亮度太高，干扰了地面人物的表现力，那么可以创建一个“渐变滤镜”，参数设定为降低曝光值、对比度、高光和白色，然后制作一个由上向下的“渐变滤镜”，压暗天空的视觉效果。

在确保“渐变滤镜”处于激活的状态下，再对滤镜的色温进行微调，使天空部分也渲染上一些黄色，以便于整个画面的色调都更加协调，氛围更好。

对第3张照片的天空制作“渐变滤镜”

第4张照片中天空也是过亮的，但不能再次使用“渐变滤镜”进行调整，因为这种滤镜是平行的，如果直接拖动，会使车顶的人物部分也变暗。虽然可以制作两个倾斜的“渐变滤镜”，但那还是不够理想，因此这里直接使用“调整画笔”工具，设定降低曝光值，提亮阴影，降低高光、白色和对比度，等等，在天空部分进行涂抹。

虽然涂抹会将一些人物的面部也纳入进来，但由于设定了提亮阴影，因此不会使人物面部变暗太多，涂抹的效果就比较理想了。

利用调整画笔压暗第4张照片的天空部分

裁剪照片，可以使构图变得紧凑、合理。注意裁剪时可以用鼠标右键单击裁剪框内区域，在弹出的菜单中选择2:3的长宽比，锁定构图比例。

对第 4 张照片进行裁剪，完成二次构图

最后回到“基本”面板，微调照片影调层次和色彩，就可以完成整个处理过程了。

优化照片整体影调层次、细节与色彩

22.4 本章总结

本章的 4 张案例照片，均采用第一张照片的处理思路，实现了所有照片色调的渲染。从这里我们再次证明了之前介绍的：照片导入电脑并进行初步遴选时，就应该对照片做好分类，将适合制作某种效果的照片放在一起；针对某一张照片进行处理后，再将处理过程复制或说是同步到其他照片，就可以快速完成大量照片的初步处理；剩下的便是对不同照片进行一些轻微的色调和影调优化就可以了。

这样可以极大地提高后期修片的效率，并得到大量色调和影调都统一、协调的照片。

当然，复古色调是有很多种的，后面的内容中，我们将会介绍其他复古色调的制作思路和技巧。

本章将介绍低饱和度色调渲染的核心技巧。低饱和度是广大摄影爱好者喜欢的色调，因为它能表现复古、怀旧的艺术感染力。

23 低饱和色调渲染核心技术

23.1 同步制作低饱和色调效果

选中本章准备好的 4 张素材照片，拖入 Photoshop，载入 ACR 中，在左侧的胶片窗格中可以看到打开的 4 张照片。按住键盘上的 Ctrl 键，依次单击，全选这 4 张照片，随后将要对这些照片进行同步处理。

全选打开的示例照片

降低饱和度与自然饱和度，其中饱和度的降低幅度可以先小一点儿，大约降低 30；而自然饱和度则降低 15 左右，这样可以为后续进一步的饱和度调整留下充分空间。这两个数值是笔者根据经验而做出的设定，大多数照片的低饱和度处理，都可以在开始调整时使用这两个参数。

调整照片色彩

切换到“HSL/ 灰度”面板，准备对各种不同的色彩进行精确调整。

对于包含人物的人文照片，通常来说，首先应该在“饱和度”选项卡中，将黄色下的各种色彩饱和度，都降低为 -60 ~ -70；而对应人物面部肤色的橙色、红色和黄色，则降低饱和度为 -15 ~ -20。

改变照片色彩的饱和度

切换到“明亮度”选项卡。适当提高橙色和黄色的明亮度，使人物肤色变亮，更加突出和醒目；而其他色彩明亮度，则应该都要降低到 -50 左右。

当前的调整是针对已经选定的多张照片，这说明当前的参数调整是比较通用的，适合大多数人文类题材的画面调整需求。

改变照片色彩的明亮度

切换到“色相”选项卡。因为已经修改了饱和度和明亮度，所以人物的肤色会偏洋红色一些。在“色相”选项卡中，大多需要改变橙色的色相，适当向右拖动，可以使人物肤色稍稍偏黄色一些，不再过于偏洋红色，看起来更加自然。

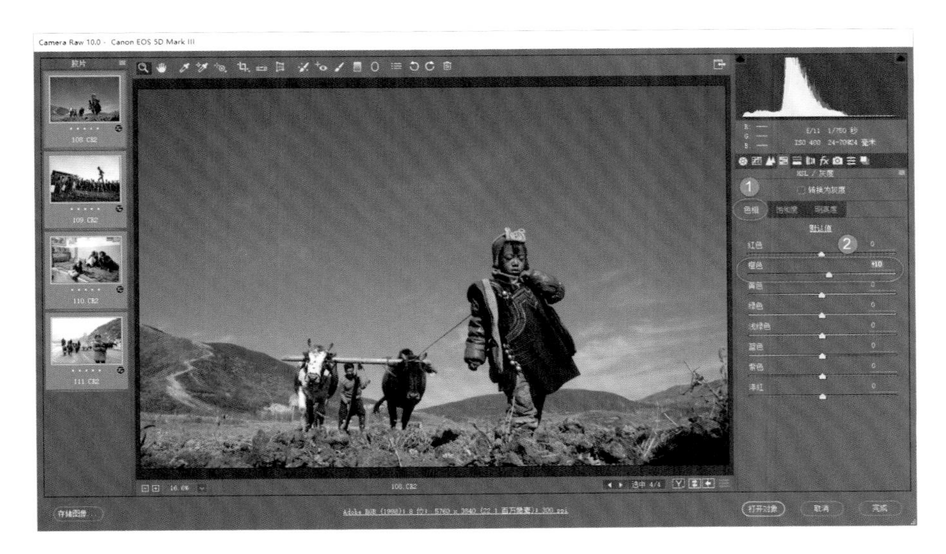

改变照片的色相

对多张照片的色彩进行调修完毕后，后面的工作便是对明暗影调各不相同的多张照片，分别进行影调的优化。

记住，在调整之前，要选中某一张照片，再进行调整。否则会对同时选中的多张照片进行调整。

先选中第 1 张照片。切换到“基本”面板，对照片的影调层次和细节进行优化。然后还可以微调色温，改变照片的色彩风格。（每张照片的色温差别是很大的，所以对于色温最好不要统一调整，要分别进行优化。前面的统一调整，主要是针对色相、饱和度和明亮度的，不要针对色温。）

优化第 1 张照片的影调层次、细节与色彩

23.2 对不同照片进行单独调整

选中第2张照片，对照片的影调层次和细节进行优化。然后微调色温，改变照片的色彩风格，得到效果更加理想的画面。

优化第2张照片的影调层次、细节与色彩

选中第3张照片，对照片的影调层次和细节进行优化。然后微调色温，改变照片的色彩风格，得到效果更加理想的画面。

优化第3张照片的影调层次、细节与色彩

选中第4张照片，对照片的影调层次和细节进行优化。然后微调色温，改变照片的色彩风格。

优化第4张照片的影调层次、细节与色彩

这张照片的构图有些问题，因此需要进行轻微的裁剪。使照片比例变为 16:9。

对第 4 张照片进行裁剪，完成二次构图

这张照片中的天空有些乏味，因此可以选择“调整画笔”工具，参数设定为降低亮度和反差，在天空涂抹，使天空的效果更加理想。从而营造出一种更有感染力的氛围。

对第 4 张照片的天空部分进行压暗处理

23.3 本章总结

本章介绍的影调及色调的调整，可以说是非常经典的低饱和度处理思路和技巧。与此同时，本章还涉及了多张照片同步批处理，最后再对单张照片进行分别调整的后期思路。

本章将介绍复古油画色调的渲染。复古油画色调是以偏黄色、绿色为主的色调风格，要制作这种黄绿色的风格，可以使用 ACR 进行快速的渲染。无论制作哪种色调，在渲染之前，都要先对画面影调层次和细节进行调整优化。

24 复古油画色调渲染核心技术

24.1 案例 1：野性的舞蹈

原图

效果图

打开本案例的照片。

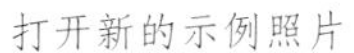

打开新的示例照片

在“基本”面板中，对影调控制参数进行调整，可以看到本照片整体画面偏暗，因此要提高曝光值；降低高光，提亮阴影；适当提高清晰度，对画面中人物轮廓进行强化。

优化照片影调层次与细节

下面，对色彩进行渲染，适当降低饱和度。

降低照片整体色彩的饱和度

切换到“HSL/ 灰度”面板，切换到“饱和度”选项卡。在其中将高饱和度的色彩饱和度都进行降低处理，要注意的是对应肤色的橙色饱和度不要降得太低。

改变照片中不同色彩的饱和度

切换到明度选项卡，将对应人物肤色的橙色、红色及黄色的明亮度稍稍降低一些，而其他色彩的明亮度降低幅度要大一些。

至此，便完成了对色彩的初步调整，回顾一下：先降低整体饱和度，再分别对不同色彩的饱和度和明度进行调整，具体说是对应肤色的饱和度和明亮度降低幅度要小，而其他色彩的饱和度和明亮度降低幅度要大一些。

以上对色彩的调整，是常规的标准操作。

改变照片中不同色彩的明亮度

回到“基本”面板。提高色温值，加强黄色；降低色调值，加强绿色。为照片渲染上复古的色调。

改变照片的色温与色调

因为黄色和绿色的亮度都相对较高，所以照片会明显变亮。所以要在影调控制参数中，适当降低曝光值，降低整个画面的亮度。最后，从全局上适当微调画面整体的影调层次、清晰度、饱和度及色温等。

改变照片的曝光值

至此，仿古的色调就打造出来了。

照片最终效果

24.2 案例 2：玩伴儿

原图

效果图

打开新的示例照片

将本案例的3张照片全部打开，在ACR左侧的胶片窗格中，可以看到打开的3张照片。选择时，按住键盘上的Shift键，单击第1张照片，再单击第3张，就可以将3张照片全部选中。

可以先不对照片的影调层次进行调整，首先将照片的色彩风格调整到位。

降低饱和度和自然饱和度的参数值，一般饱和度的参数值是自然饱和度的参数值的两倍，如饱和度降低为 -50，那么自然饱和度降低为 -25 左右会比较合适。

降低照片整体色彩的饱和度

切换到“HSL/ 灰度”面板，切换到“饱和度”选项卡。先降低肤色之外色彩的饱和度值，降低的幅度可以稍大一些。至于肤色的饱和度值，一般可以稍稍降低一点儿。而本次打开的几张照片，色彩饱和度本身就比较低，所以没有必要降低，保持肤色对应色彩的饱和度不变即可。

改变照片中不同色彩的饱和度

切换到“明亮度”选项卡，降低肤色之外色彩的明亮度，肤色对应的橙色、红色和黄色明亮度不变。

改变照片中不同色彩的明亮度

回到“基本”面板，对复古的主色调进行渲染。提高色温值加黄色，降低色调值加绿色，调整幅度要根据具体照片的不同而有所差异，用户要灵活控制。

至此，色彩的渲染工作已经基本完成。

改变照片的色温与色调

后面的工作，便是对照片进行单独的微调。

单击第 1 张照片，确保只选中这一张照片。提高对比度，降低高光，提亮阴影，使影调层次变得更理想一些；再提高清晰度强化人物边缘轮廓。整体上微调影调控制参数及饱和度等参数，使照片画面的整体效果更好。

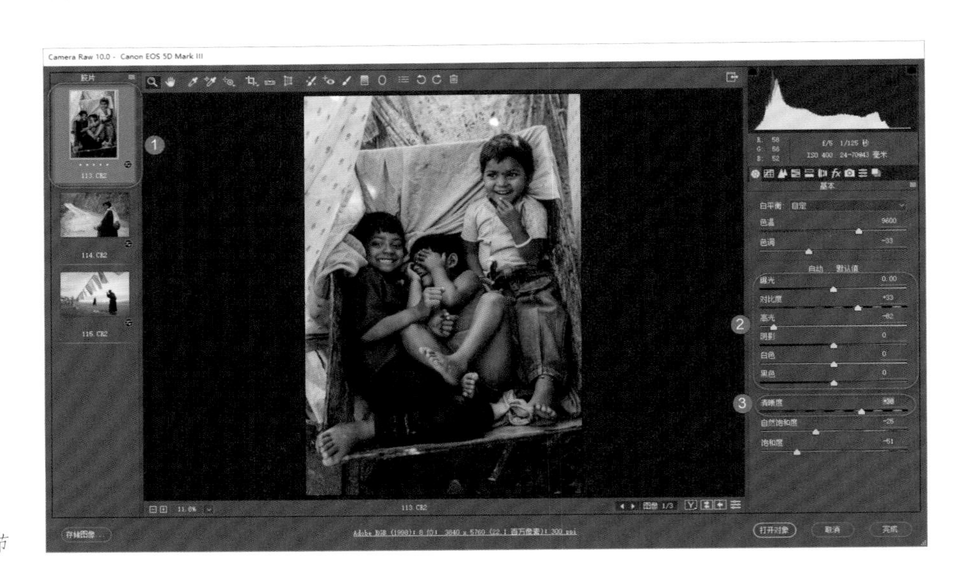

优化照片影调层次与细节

分析照片，可以看到有些局部的效果并不好。选择“调整画笔”工具，设定降低亮度的参数，在周边及一些过亮的局部进行涂抹，将这些部分变暗一些，于是画面整体的色调就会协调起来。

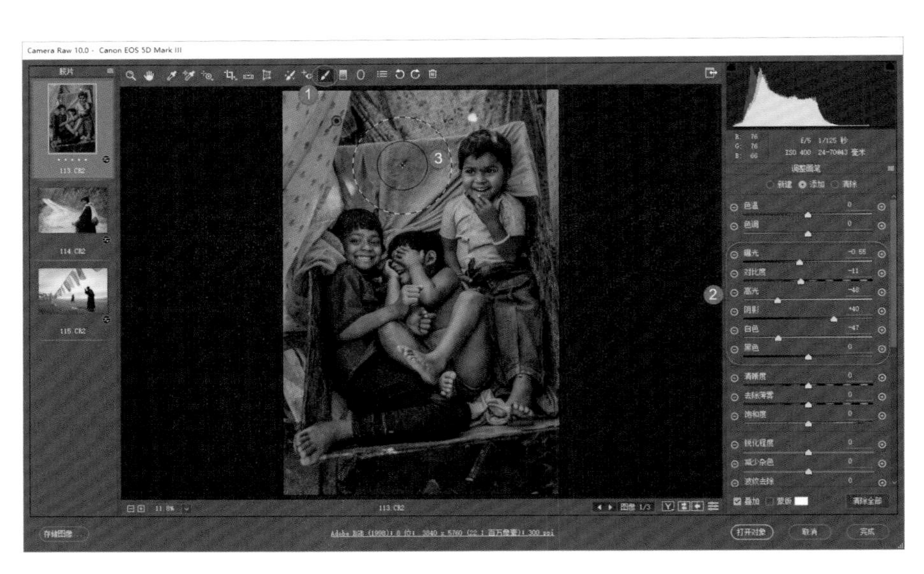

利用“调整画笔”工具调整画面局部

24.3 案例 3：彝族老人

原图

效果图

选中第2张照片，可以看到照片的偏绿色程度明显不够，即复古的味道不够浓。所以继续降低色调值，使画面色彩向偏绿色的方向发展；轻微降低色温值，减轻一点儿黄色。

改变照片色温与色调

影调参数的控制，要适当提高曝光值，提高对比度，降低高光，提亮阴影；加清晰度强化轮廓。

优化照片影调层次与细节

提高清晰度后，黑色变重，所以应轻微提高黑色值。

提亮黑色值

整体上微调照片，包括降低色调值、加重绿色等，于是画面的复古色调效果就比较理想了。

优化照片影调层次、细节与色彩

最后，在人物周边制作一个“径向渐变”，选择外部，调整目标是周边环境部分。将周边环境压暗一些，使人物更突出。

建立“径向渐变”突出主体人物

24.4 案例 4：朝圣

原图

效果图

选中第3张照片。

降低高光值，降低白色，使环境亮度下降；提高阴影值，使人物部分变得亮一些；轻微提高对比度，使层次丰富一些。

优化照片影调层次

此时的绿色调不够，所以应降低色调值，加重绿色。轻微加一些黄色。

改变照片的色温与色调

降低饱和度，避免色彩太喧闹。

改变照片整体色彩的饱和度

选择“径向渐变”，在人物面部制作一个椭圆形渐变区域，如下图所示。调整目标是外部，方式是压暗，使周边环境区域变暗。

建立“径向渐变”突出人物

渐变区域内包含了一些不需要的背景画面。因此在面板右上方单击“画笔”单选按钮，新建一个画笔，模式为“添加”，然后在“径向渐变”内部对一些背景进行涂抹，使除人物之外的部分都变暗。涂抹过程中，要注意随时改变画笔直径大小，使涂抹更加准确。

利用画笔的“添加”功能调整滤镜

回到“基本”面板，调整各种参数，优化照片整体的亮度和影调层次。

整体优化照片影调层次、细节与色彩

24.5 本章总结

本章通过几个具体案例，介绍了复古油画色调渲染的思路和技巧。首先是快速的色彩渲染；最后再对每张照片进行单独检查，具体调整。利用这种思路可以快速将批量照片处理为复古色调。

复古色调的宗旨是减少饱和度，减少局部饱和度，降低环境色彩的明亮度，然后为照片添加黄色和绿色，再对照片进行整体优化就可以了。

对照片进行全局的影调和色调优化之后，要提升照片的艺术表现力，就需要进行局部的渲染了。局部渲染之后的照片，往往可以消除掉杂乱、不必要的细节，使主体更加突出，主题更加鲜明。

ACR 中，进行局部渲染的工具主要有“渐变滤镜”“径向渐变”和“调整画笔”工具。

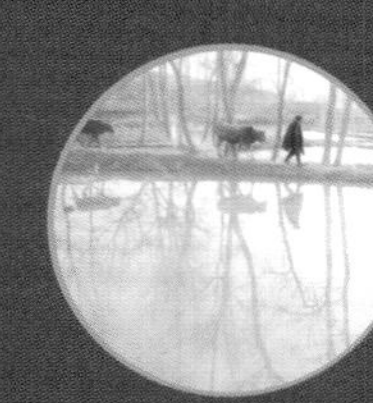

25 局部渲染的高级技术

25.1 案例 1：少女

将准备好的几张素材照片全部选中，然后将其载入 ACR 当中。这些照片都需要经过局部调整，照片的影调才能够将变得更加理想。

原图

效果图

首先选中第 1 张照片，经过分析可以发现，这张照片的色彩并没有太出色的表现力，可以考虑将其变为黑白效果。

在“HSL/ 灰度”面板中，勾选“转换为灰度”复选项，将照片转为黑白效果。

将照片转为黑白效果

观察照片可以发现人物面部太暗，在下方的色彩明度通道中，提高橙色、红色和黄色的明度，使人物面部变亮。

让人物肤色变亮

回到“基本”面板，降低高光，可以追回照片中高亮部分的层次细节。轻微调高对比度，可以丰富照片整体的影调层次。

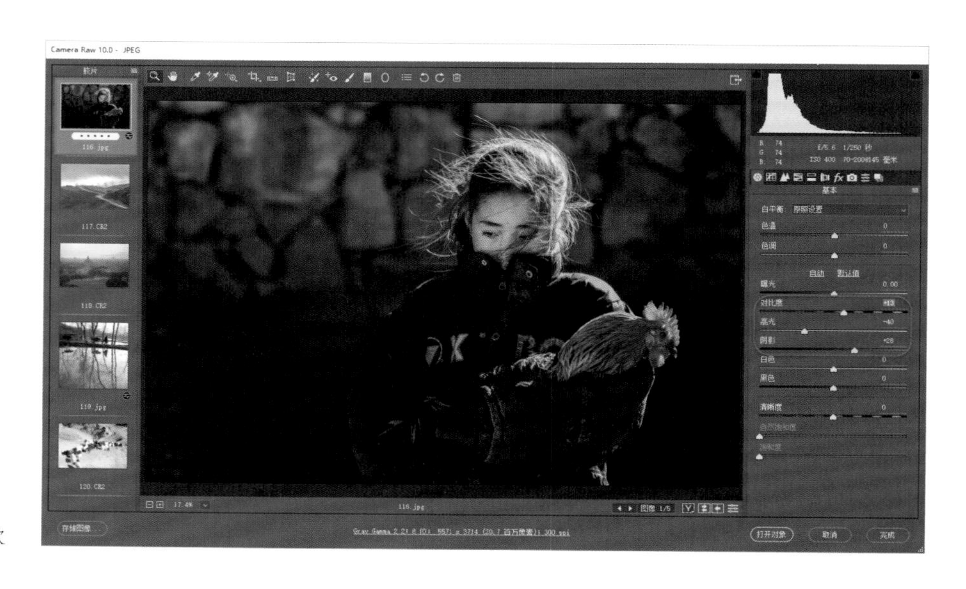

优化照片影调层次

照片中的背景显得比较杂乱，应该继续压暗，最好是变为黑色，使照片变为一种极简的黑白效果。要实现这种效果，很明显应该使用“调整画笔”工具。如果使用 Photoshop 软件主体来实现是很难的，要进行抠图，但人物的发丝与背景融合度很高，抠图的难度太大。但在 ACR 中，借助“调整画笔”工具，就可以轻松实现目标：将背景完全压暗，却不影响人物。

选择“调整画笔”工具，在参数面板的右上方，打开下拉列表，在其中选择“重置局部校正设置”菜单命令，将各种参数清零。

将“调整画笔”工具的参数清零

如果要利用画笔将背景压黑，很明显，需要在参数中设定黑色降为最低的 -100，阴影也降为纯黑即最低的 -100。

降低“调整画笔”工具的黑色与阴影

注意，因为此时的参数设定中没有降低高光和白色，所以用画笔在背景上涂抹时，人物较亮的发丝部位并不会受太大影响。

此时的涂抹是大范围的，使背景整体变黑。如果有些区域仍然不够黑，那是因为画笔参数设定有问题，再次降低曝光值进行涂抹，可以发现背景中一些不够暗的局部也变黑了。

降低“调整画笔”工具的曝光值

这种涂抹势必会影响到人物的头发部位，所以最好是在画笔参数中适当提高高光值，使受到影响的发丝部位亮度变回来。

提高“调整画笔”工具的高光与白色

将人物发丝部位涂抹的比较合理之后，再涂抹离人物比较远的区域。背景中还有一些很小的局部不够黑，没有关系，后面可以再次调整。当前最重要的是将人物发丝边缘涂抹出来。

在人物发丝边缘部分涂抹

在涂抹人物衣服边缘时，要注意衣服的亮度是不够的，所以不能直接强行涂抹。而是应该提高画笔直径，用画笔的柔性边缘轻微辐射衣物边缘，否则衣服也会变得很黑。

涂抹人物衣物边缘

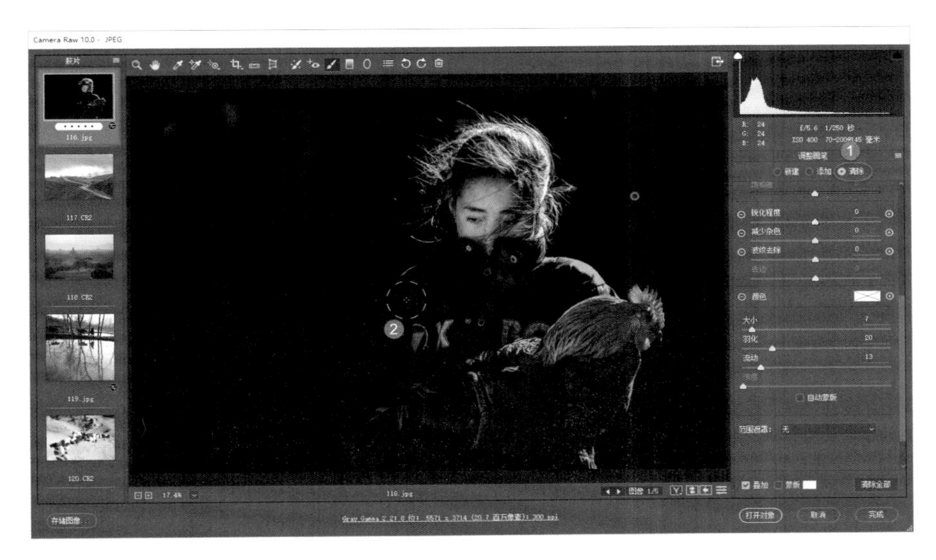

在参数面板上方单击“清除”单选按钮，对衣服边缘一些涂抹不够理想的位置进行清除，尽量将衣服都还原出来。

恢复人物衣物边缘

涂抹完毕后，可以看到背景中有些原本亮度较高的位置，已经无法涂得更黑了，这是由画笔参数设定造成的。

新建一个“调整画笔”工具，缩小画笔直径，再在背景没有变黑的位置涂抹，可以将这些位置涂黑。

消除背景没有变黑的部分

再次新建一个“调整画笔”工具。参数设定为轻度降低曝光值，降低高光和白色，画笔直径设定大一些。这个画笔主要用于使人物边缘部分涂抹，用于使背景到人物的影调过渡平滑起来。

过渡人物轮廓边缘部分

最后再次新建一个“调整画笔”工具，参数设定为提高高光、提亮白色，在人物发丝部位涂抹，使人物发丝部位亮度正常、适中。因为只是提高了高光和白色，所以在涂抹时并不会使黑色的背景变亮，而只是会恢复原来较亮的发丝部位。

至此，照片调整完毕。

使人物发丝部分变亮

25.2 案例 2：苍茫大凉山

原图

效果图

利用“调整画笔”工具，可以实现非常完美的影调效果。下面，来看另外一个案例。单击切换到第2张照片。这是在我国四川大凉山拍摄的一个场景，拍摄时笔者是有预期的，是带着后期的眼光和思维来审视这个场景的。最终，这张照片在很多摄影比赛中获得大奖。当然，最终的画面并不是拍摄时的最初效果，而是经过后期优化过的。

打开并分析新的示例照片

当前的画面色彩感很弱，说明色彩是没有太大意义的，因此可以考虑转为黑白效果。但在转黑白效果之前，可以先对影调层次和细节表现力进行强化：适当降低曝光值，提高对比度，降低高光，提亮阴影，降低白色，使影调层次得到优化；大幅度提高清晰度，强化画面的轮廓。

优化照片影调层次与细节

切换到“HSL/灰度”面板，勾选“转换为灰度”复选项，将照片转为黑白效果。在画面底部，提亮橙色、红色和黄色，使路面变亮。降低其他色彩的明度，使环境中其他色彩亮度变低，层次优化起来。

将照片转为黑白效果并调整层次

切换到“效果”面板，提高去除薄雾的参数值，照片变得更通透。

提高去除薄雾的参数值

回到“基本”面板，结合直方图的分布对照片影调层次进行调整。至此，照片的整体影调制作完成。

优化照片影调层次

下面，就可以利用“调整画笔”工具等工具对照片局部进行调整了。调整的思路是：压暗路两侧的区域，再提亮路面，使有优美曲线的路面更加醒目。

选择“调整画笔”工具，在参数设定中，先将所有参数清零。然后降低阴影和高光，在路面两侧涂抹，将这些区域涂暗，但也不能调为全黑，这也是在参数中没有过多降低黑色的原因。

设定“调整画笔”工具的参数并用其在山体等部分进行涂抹

提高画笔直径，将远景的山体也涂得更黑一些，避免分散注意力。

改变画笔直径并在山体等部分进行涂抹

再创建一个“调整画笔”工具，提高曝光值、对比度、白色值和清晰度；再适当提高去除薄雾的参数值，使调整区域更清晰。然后调整画笔直径，在路面区域涂抹，使路面变亮，并变得更有质感。

当前只是大致的调整，如果效果不够，后续还要继续加大幅度；如果效果过度，那么可以清除一些效果。

新建“调整画笔”工具提亮路面

可以看到，一些局部区域亮度过高，因此确保涂抹路面的画笔被激活的状态下，适当降低高光和白色，使路面的高光不会太亮。

改变画笔直径调整路面不同位置

新建一个“调整画笔”工具，继续提亮路面一些不够亮的区域。使路面的线条更加流畅。回到“基本”面板，对照片整体的亮度影调层次进行调整。至此，照片实现了非常简约而十分丰富的影调层次。

优化照片影调层次与细节

如果用户没有按后期思路审视这个场景，甚至不会考虑拍摄这个场景，因为该场景中光线很强，通透度欠佳。用户只有按后期思路去考虑，才会知道这个场景弥足珍贵。后面的工作便是等待，当有人走过这条路时，按下快门就可以了，最终实现了画龙点睛的效果。

从本例可以得知，学习后期能够拓展大家的创作思维，能够让大家在拍摄现场有更丰富的想象力，能够按后期思路审视平淡的场景，能够提高创作的成功率，从而可以在平淡的场景中创作出不平淡的摄影作品。

对比处理前后的效果，可以看到，普通的照片变为了很成功的摄影作品。

25.3 案例 3：大地之歌

原图

效果图

选中第3张照片，可以看到画面很柔美，但是主体不够突出。一是主体区域比较小，二是天空左侧有一团耀眼的光斑。

打开并分析新的示例照片

通过裁剪进行二次构图，使构图紧凑一些，实现进一步突出主体的目的。选择裁剪工具，在照片上拖出裁剪区域，用鼠标右键单击保留区域，在弹出的菜单中选择 2:3 的裁剪比例进行比例锁定，然后移动裁剪区域，确定视图范围后，在保留区域内双击鼠标左键，完成裁剪。

裁剪，完成二次构图

对裁剪后的照片，进行影调层次和细节的优化。降低曝光值，提高对比度，降低高光值和白色，提亮阴影，使照片的层次很好地优化。

优化照片影调层次

如果用户想要制作一种轻柔、朦胧、唯美的画意效果，没必要过度提高清晰度等参数。当前来看，已经有一些朦胧效果了，但并不充分。切换到“效果”面板，在其中降低去除薄雾的参数值，为画面增加一定的朦胧度。

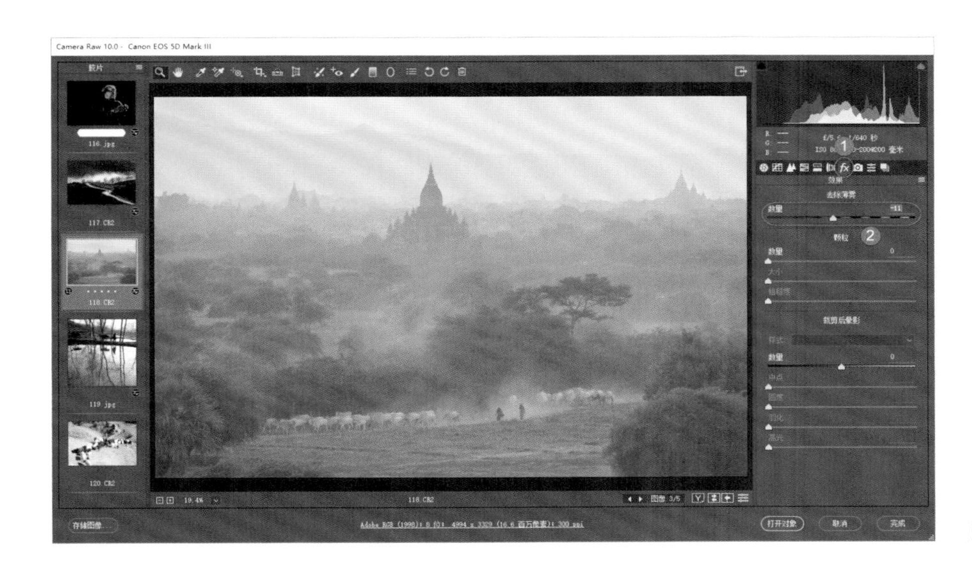

降低去除薄雾的参数值

回到“基本”面板，降低清晰度，继续加重朦胧的效果；再稍稍降低曝光值，降低照片画面的亮度。可以看到照片更加柔美了。稍稍调一下色温，使画面的色彩表现力更强。

优化照片影调层次、细节与色彩

观察照片，可以看到画面变得非常柔美、漂亮，但主体人物部分也变得非常朦胧，显然是不需要的。如果要使人物清晰起来，需要使用“调整画笔”工具，对这部分进行影调和细节的强化。

选择“调整画笔”工具，先将参数清零，然后再提高清晰度和去除薄雾的参数值，其他参数暂时不要改变。然后在主体区域进行涂抹。

利用“调整画笔”工具强化主体部分

涂抹之后发现主体区域的亮度太低了，并且色彩过于偏红色，这时再调整画笔的色温和色调参数，以及曝光值，使调整区域的色彩与周边一致起来。

调整涂抹部分的色彩

可以看到，涂抹区域的清晰度提升，主体变得突出起来，但是与周边朦胧区域的过渡不够平滑自然。因此可以再创建一个“调整画笔”工具，降低画笔的流量，甚至可以降低参数值，在第一个画笔涂抹的边缘位置进行轻轻涂抹，使主体与周边区域的过渡能够平滑、自然起来。

通过涂抹使主体与其他部分的过渡平滑起来

“调整画笔”是 ACR 中最为强大的工具，可以实现非常多的效果，可以说是一种“七星级”的工具，甚至可以说具备了“马良神笔”的作用。

25.4 案例 4：彝乡往事

原图

效果图

选中第4张照片，可以看到画面比较平淡，缺乏空间和立体感，并且稍显杂乱。可以考虑将照片转为黑白效果。

打开并分析新的示例照片

切换到“HSL/灰度”面板，勾选“转换为灰度”复选项，将照片转为黑白效果。在下方的色彩明度同道中，对不同色彩明度进行调整，突出主体对象，弱化环境带来的干扰。

将照片转为黑白效果并适当调整明暗

回到“基本”面板，分析照片，可以将照片只作为高调效果。提亮阴影，降低高光，提高白色，适当提高曝光值，使画面影调变亮。

优化照片影调层次

利用“调整画笔”工具涂抹杂乱的倒影

选择“调整画笔”工具，尝试使用画笔配合前面的调整状态，来优化画面效果。轻微提高曝光值，降低清晰度和去除薄雾的参数值，然后在倒影比较杂乱的区域涂抹，使这些区域变得更加柔、朦胧，画面看起来就会干净很多。

也就是说，将杂乱区域都模糊起来，却不对主体进行涂抹，最终使主体在画面中变得更加突出。

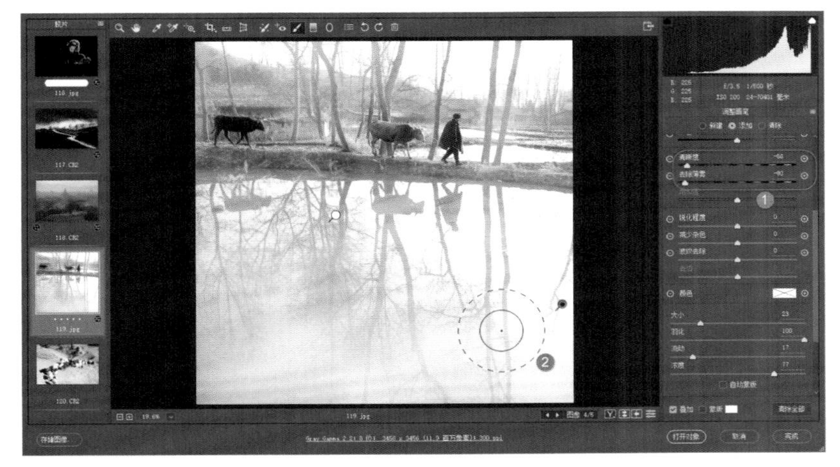

利用“调整画笔”工具涂抹四周的杂乱景物

再创建一个“调整画笔”工具，在画面四周边缘区域再次涂抹，也就是说，使边缘部分更加朦胧。最终，画面从中间到边缘有一个清晰度逐渐变低的过渡，看起来更加自然。如果除主体外整个场景的朦胧度都完全一样，那么画面看起来会不够自然。

照片处理前后效果对比

最后，可以对比处理前后的画面效果。

25.5 案例 5：牧童

原图

效果图

选中第5张照片，可以看到画面中的光太强烈，并且光照角度太小。使用“调整画笔”工具，可以将这种照片制作出非常强烈的光影效果，使画面变得立体并有层次。

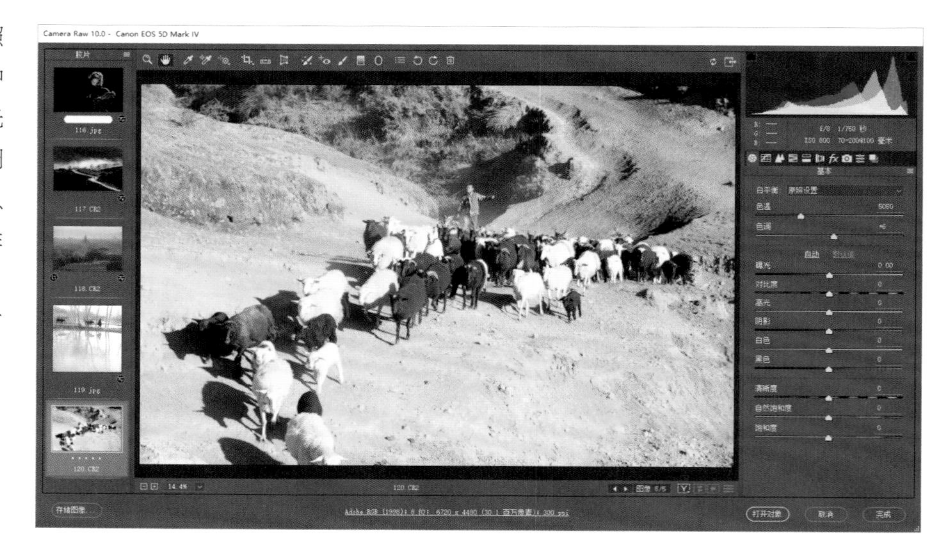

打开并分析新的示例照片

在“基本”面板中，大幅度降低曝光值、高光，使照片变得非常暗。

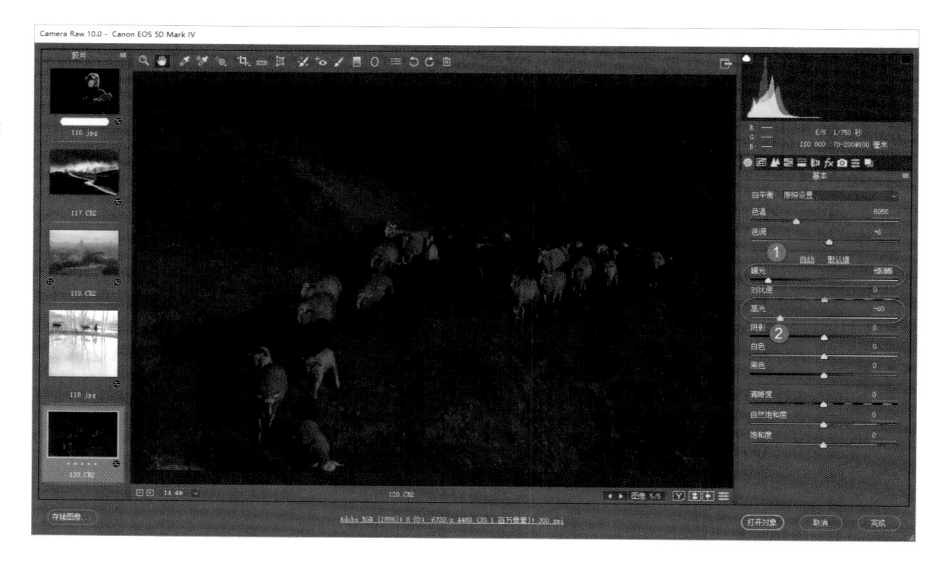

降低照片的曝光值与高光

因为照片本身色彩表现力很差，所以直接转为黑白效果。切换到“HSL/ 灰度”面板，勾选“转换为灰度”复选项，将照片转为黑白效果。

在下方的色彩明度通道中，提高红色、橙色和黄色的明度。

将照片转为黑白效果

回到“基本”面板，继续降低曝光值、阴影和白色，提高清晰度。降低各种参数值的目的是使人基本看不清画面主体部分的轮廓。

改变照片影调层次并强化细节

选择“调整画笔”工具，将所有参数都清零。然后提高曝光值、对比度、高光和白色值，稍微提高清晰度，使用画笔涂抹后，就会产生光照效果。

利用“调整画笔”工具将主体涂抹出来

在画面中进行随意的涂抹，可以制作出局部光的效果。如果发现效果不够强烈，可以继续提高曝光值等参数，使光照效果更强烈。

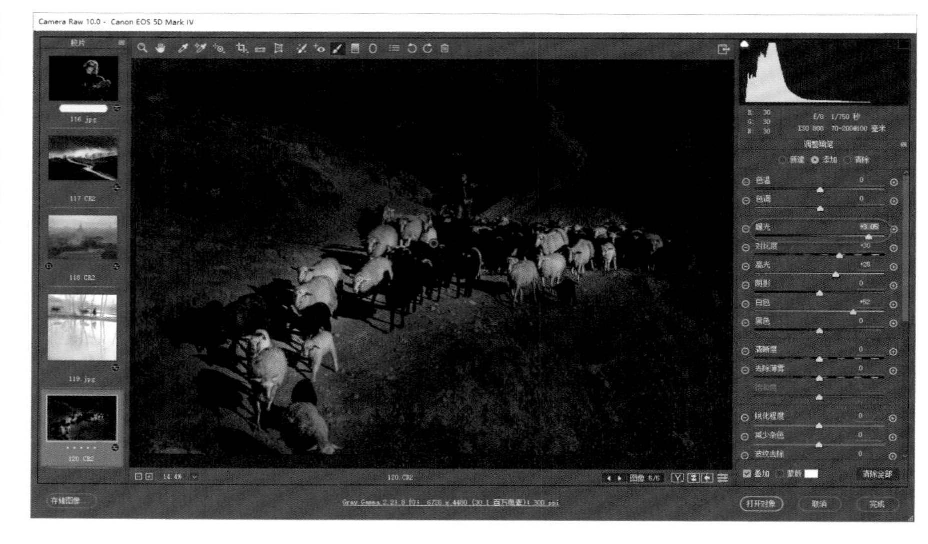

提亮画笔的参数

在参数面板上方，选择“清除”画笔，清除一些不需要变亮的区域。

清除被涂抹进来的周边部分

再创建一个“调整画笔”工具，将主体人物擦亮，于是主体就突出了。

新建“调整画笔”工具涂抹主体人物

擦亮时要注意亮度要适中，不能太亮或太暗。如果过亮，就要降低参数值；反之则提高参数值。

根据实际需要改变画笔参数值

回到“基本”面板，对照片整体的影调层次和细节进行优化。至此，照片的处理就完成了。

优化照片影调层次与细节

25.6 本章总结

可以看到，原本很平淡的画面，通过大胆的局部光的制作，马上就可以变得精彩起来，这就是灵活大胆运用画笔的功效，由此大家可以再次领略画笔这个“七星级”工具的能力。

在摄影领域，拍摄期间对于色彩的人为干预是很难的，一般都应该尽量使相机准确还原场景色彩。

在后期修片时，与影调的控制不同，色彩的调整幅度往往是最大的。比如，可以对色彩的种类、浓郁程度和明暗程度进行全方位的干预，营造出不同的视觉效果。但所有操作都要基于一定的色彩原理和控制技巧。

本章将介绍照片创意色彩渲染的思路和技巧。

26 创意色彩渲染的秘密

26.1 案例 1：佛光

首先将准备好的 RAW 格式素材文件全部选中，然后将其拖入 Photoshop，这样，它们便会自动在同一个 ACR 界面当中打开。

原图

效果图

选中第 1 张照片，可以看到照片中的光线效果近似传说中的佛光。在“基本”面板中对影调层次和细节进行优化，稍微提高曝光值和对比度，降低高光，提亮阴影，使层次好看一些；提高清晰度，强化轮廓。

优化照片影调层次与细节

提高饱和度和自然饱和度，然后稍微降低色温值，使画面变得通透一些，色彩氛围也渲染了出来。

优化照片色彩

切换到“效果”面板，提高去除薄雾的参数值，使照片更通透。

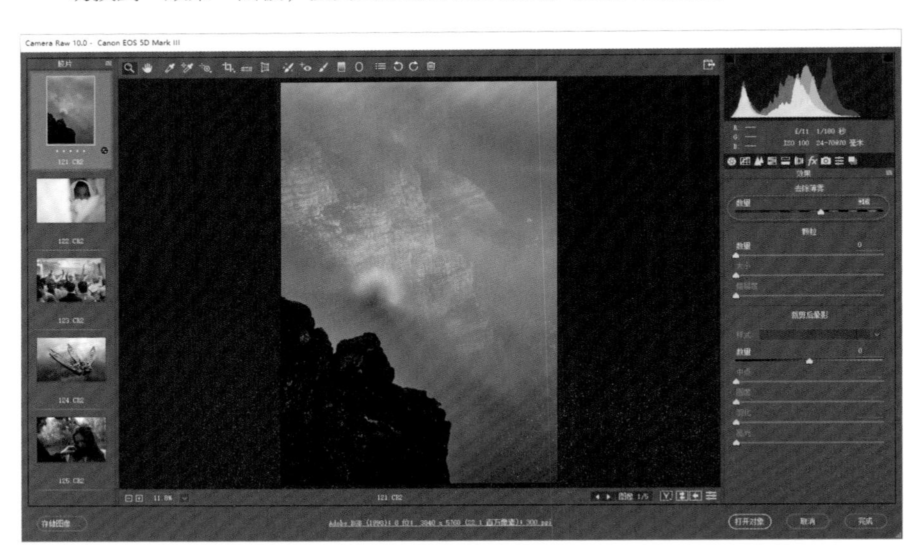

提高去除薄雾参数值

回到“基本”面板。分析照片可以知道，当前的照片有 3 个问题：其一，照片上边缘因为云雾的干扰，显得太亮；其二，因为提高了清晰度和去雾程度，所以山体边缘产生了明显的亮边（提亮黑色，降低高光时，就会使明暗结合部位出现亮边）；其三，因为降低色温的幅度较大，所以照片某些局部的色彩过于偏蓝色。

选择“调整画笔”工具，先将参数清零。设定降低高光，再在亮边的位置进行涂抹，可以看到白边被压暗了一些；如果一次降低高光的程度不够，那么可以再新建一个画笔，再次涂抹，将亮边的问题彻底解决。

降低调整画笔的高光值

将画笔移动到照片上边缘进行涂抹，将上边缘过亮的部分也压暗下来。

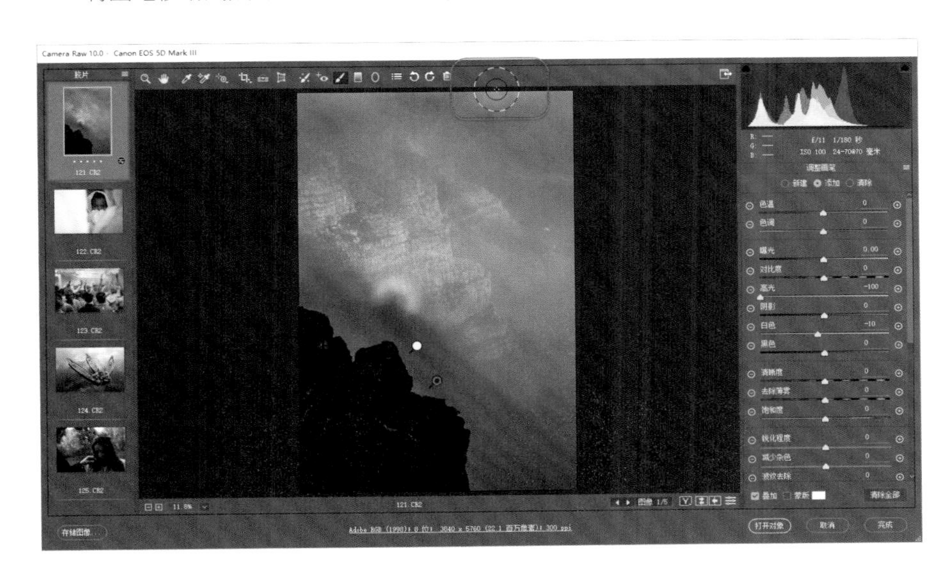

涂抹画面中的亮边

下面，再来解决局部过于偏蓝色的问题。新建一个“调整画笔”工具，将参数清零。参数设定为降低饱和度，适当提高色温值加黄色，在蓝色过重的位置进行涂抹，减少蓝色。

一个降低蓝色的画笔不能适用所有局部的调整，那可以新建调整画笔，改变参数对不同区域进行涂抹来降低蓝色。比如说上边缘的蓝色，可以将色温值提的少一些，然后再降低一点色调值，才能得到足够好的效果。

通过上述调整，就基本上解决了照片存在的大部分问题。

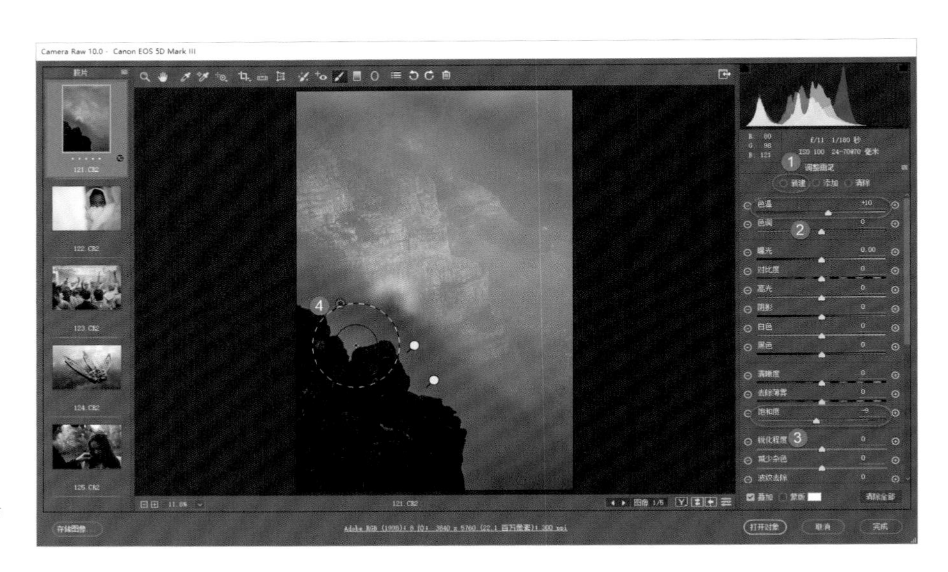

新建“调整画笔”工具修复局部偏色

画面最精彩的部分莫过于出现的“佛光”，所以要进行强化。只要提高清晰度，进行去雾处理，就可以使“佛光”得到强化。因此可以新建一个“调整画笔”工具，将各种参数清零，然后提高曝光值、清晰度、对比度和去除薄雾的参数值，稍加一点儿饱和度，在“佛光”位置进行涂抹，提高清晰度和通透度。

可以看到，通过画笔的使用，强化了“佛光”效果。

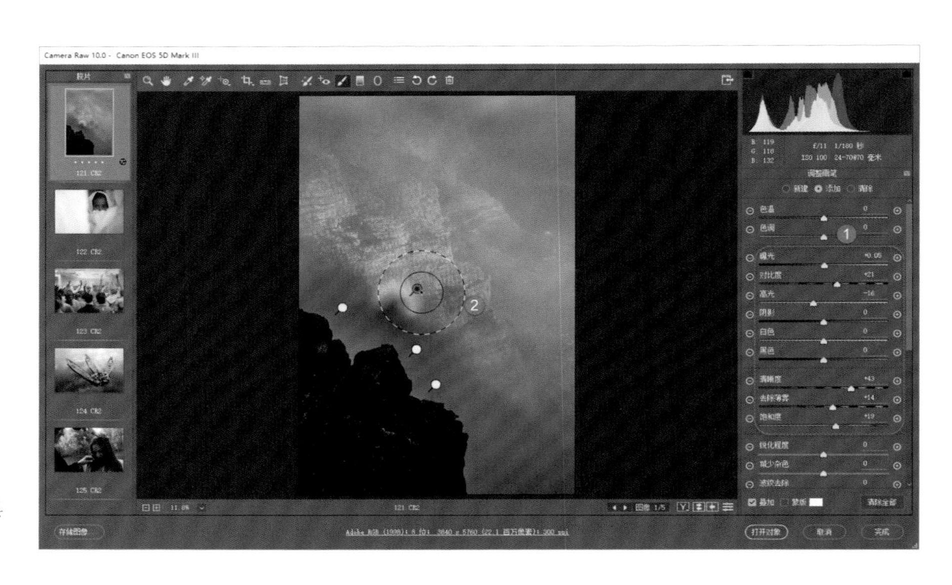

利用“调整画笔”工具强化“佛光”部分

26.2 案例 2：情绪

原图

效果图

选中第 2 张照片，可以看到画面左侧亮度过高，过于偏白。原图中，人物面部是暖色的，而照片右侧是有些偏蓝的，也就说照片自带冷暖色的属性。所以在后期调整时，目标是将照片处理为冷暖的对比色。

打开新的示例照片

在“基本”面板中，降低高光和白色，提高对比度和清晰度，使照片的影调层次和细节均得到优化。

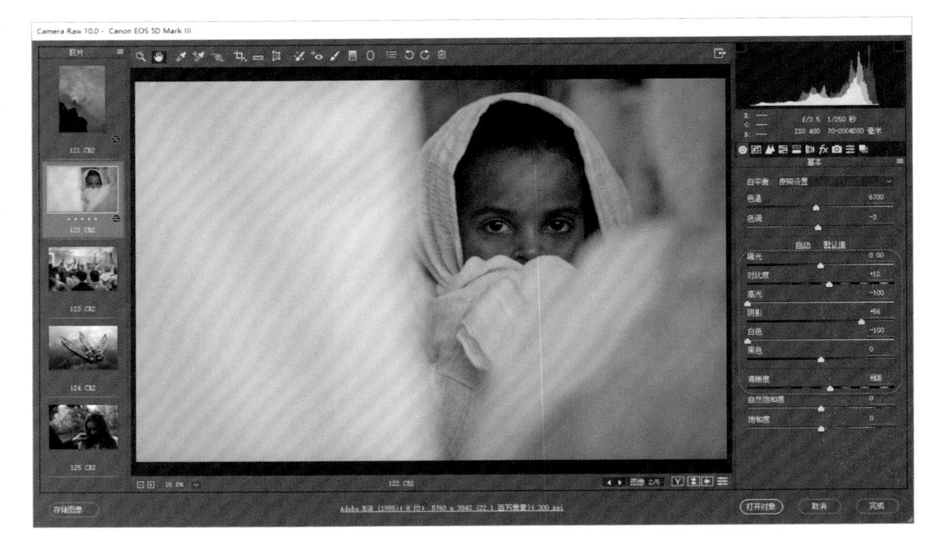

优化照片影调层次与细节

降低色温值，为照片渲染上更多的蓝色。

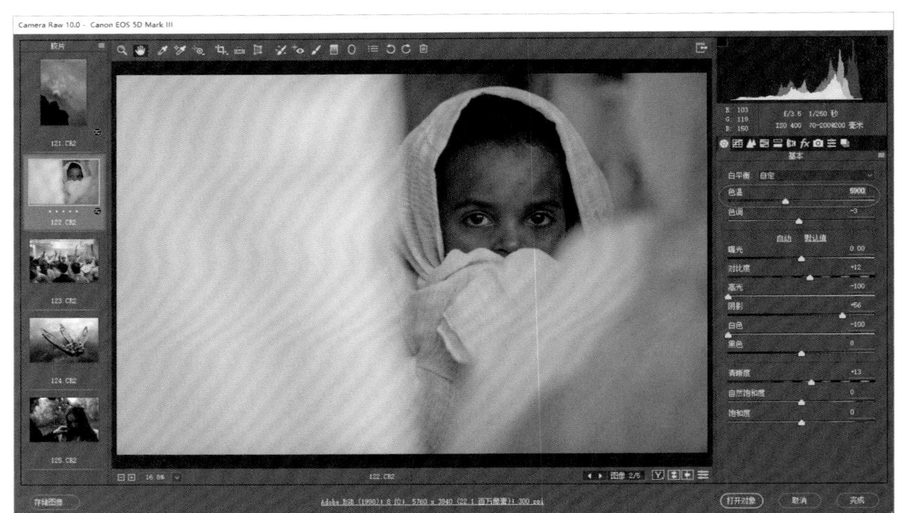

调整色温

此时照片的左侧亮度还是太高了，要进行处理。选择“调整画笔”工具，将参数都清零，然后设置降低曝光值、高光和白色的参数值，在过亮的位置进行涂抹，使左侧的空白部分明暗协调、一致起来。

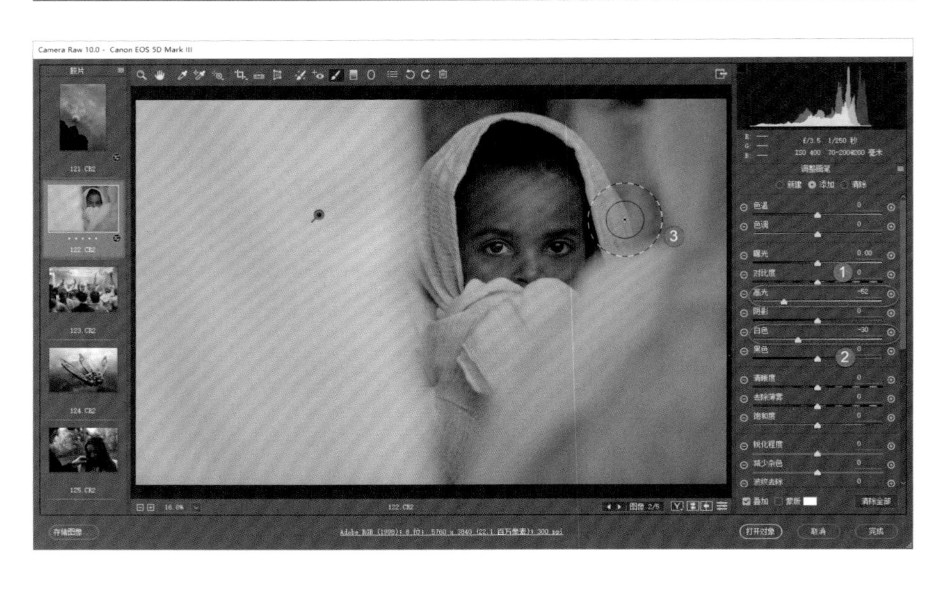

降低画笔的高光和白色的参数值

分析照片，可以看到，照片右侧偏蓝色的程度很高，但左侧偏蓝色的程度不够，因此新建一个“渐变滤镜”，为左侧渲染上蓝色。选择“渐变滤镜”，先将参数清零，由左向右到人物面部的位置拖动制作“渐变滤镜”，然后在参数面板中设定降低色温值，添加蓝色。

在过亮部分新建“渐变滤镜”

因为渐变是逐渐过渡的，所以渐变区域的右半部分的蓝色仍然不足，那么可以使用“渐变滤镜”中的“添加”画笔，对蓝色不足的部分进行涂抹。在面板的右上方，单击“画笔”单选按钮，模式为“添加”，对蓝色不足的部分进行涂抹，于是整个画面左侧区域的色彩就合理了。

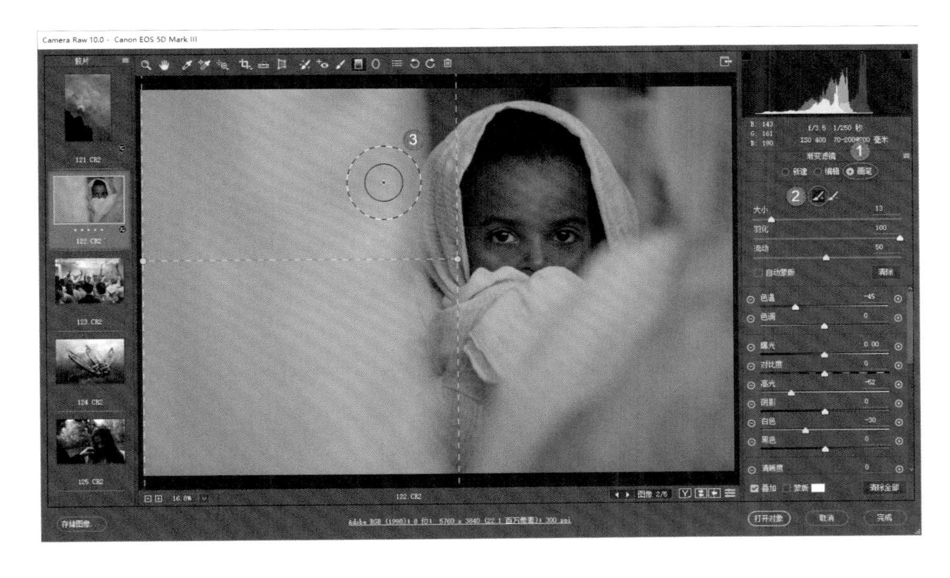

利用画笔的“添加”功能强化渐变效果

下面，对人物面部进行调整。新建一个“调整画笔”工具，先将参数清零，然后设定参数，应该是使人物面部有亮度的提升，使色温变暖，所以提高曝光值和色温值，轻微提高对比度，提高白色和高光，然后使用画笔对人物面部进行涂抹，使人物面部效果更佳。

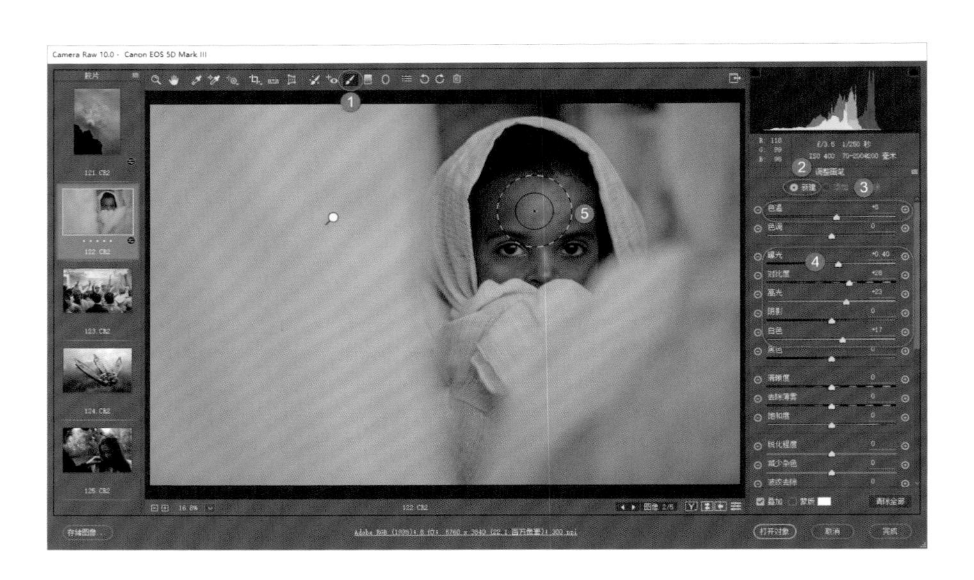

利用“调整画笔”工具强化人物面部

强化后的人物面部效果

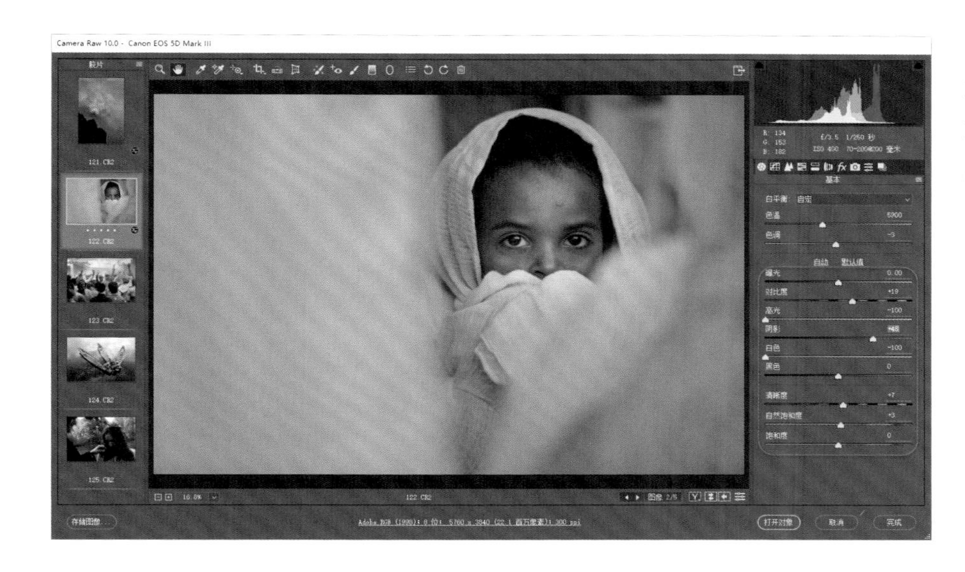

回到“基本”面板，对照片整体进行优化。至此，照片整体的冷暖色调制作完毕。

优化照片影调层次、细节与色彩

26.3 案例 3：洒红节

原图

效果图

选中第3张照片，这是在印度洒红节拍摄的一个画面。画面充满了色彩，但由于背景比较杂乱，因此要进行处理。对这张照片进行抠图是不太现实的，所以可以在ACR中快速模拟色彩，最终实现对照片的优化。

打开并分析新的示例照片

在“基本”面板中，单击“自动”按钮，使软件对照片的影调进行优化。然后手动降低曝光值，提亮阴影，再次对层次进行微调。再提高清晰度值，对细节进行强化。

优化照片影调层次与细节

提高自然饱和度，加强色彩的表现力。

提高照片的自然饱和度

选择“调整画笔”工具，将参数都清零。然后降低去除薄雾的参数值，降低清晰度，尝试将杂乱的背景进行柔化，使其变得朦胧，从而弱化环境带来的干扰，使主体变得突出、醒目。

前景中的一些背面的人物，头发颜色比较深，会使画面显得乱，所以也要适当涂抹，对于另外一些位置，则可以随意涂抹。

利用“调整画笔”工具使画面周边部分变得柔和朦胧

涂抹后发现太亮了，那么可以降低曝光值。

降低涂抹部分的曝光值

在面板右上角单击“清除”单选按钮，将一些表现力较强的人物面部擦拭出来。

对柔化效果进行清除

新建一个“调整画笔”工具，对某些非常碍眼的杂乱局部进行涂抹，继续弱化这些位置的干扰。于是，背景和前景就不会显得太杂乱了。

新建“调整画笔”工具强化涂抹效果

再次涂抹后的画面效果

至此，照片的影调和细节调整基本上就完成了。下面，需要渲染和强化场景的氛围，主要通过加强色彩感来实现。

新建一个“调整画笔”工具，将所有参数清零，提高饱和度、色温值和色调值，然后在画面上涂抹。

调整涂抹部分的色彩

调整色彩后的画面效果

在涂抹的过程中，可以新建多个“调整画笔”工具，根据人物的衣服色彩，对不同区域渲染不同的色彩，最终使这张照片最终变得五彩缤纷。

最后，回到“基本”面板，整体上控制一下照片的对比度、亮度，使影调层次和细节都变得更漂亮。通过调整，使这张照片变得简洁、干净，并且节日的氛围更浓郁了。

优化照片影调层次、细节与色彩

26.4 案例 4：水上早餐

原图

效果图

选中第4张照片，可以看到水面不够干净、漂亮，色彩也不理想。

打开并分析新的示例照片

在“基本”面板中，控制照片的影调层次。

优化照片影调层次

适当提高自然饱和度值，加强照片的色彩感。

降低色温值，使画面偏蓝色一些，变得更透。

优化照片色彩

处理水面，可以直接用画笔来进行处理。选择“调整画笔”工具，将参数清零。降低色温加冷色，轻微降低曝光值减少亮度，然后对灰白的水面部分进行涂抹，使这部分也变蓝一些，与其他的水面部分色彩协调起来，使背景变得更干净。

利用“调整画笔”工具修改画面色彩不理想的区域

调整后的色彩效果

此时的背景有些局部亮度太高，那么可以再新建一个“调整画笔”工具，将参数清零，再设定降低曝光值和高光，对过亮的局部进行涂抹，就可以了。

调整涂抹部分的影调层次

26.5 本章总结

由本章对于色彩渲染的创意可以知道，所谓的调色从来不是单独进行的，往往要结合照片构图、影调的调整，对色彩进行优化。并且照片调修的顺序也是有一定要求的，即要先调明暗再调色彩，如果先进行了色彩的渲染，后续再调影调，那么照片明暗的变化也会对色彩产生较大影响。

在 ACR 中进行色彩的调整，主要工具包括色温与色调的调整、饱和度 / 明亮度 / 色相调整，具体实现过程中，还要结合“渐变滤镜”“径向渐变”和“调整画笔”工具来实现更好的效果。

同一场景中，拍摄的照片风格要尽量相近一些，从而使组照给人更深的印象，有更好的视觉感受。但限于场景中光线、色彩的变化，相机所拍摄的照片色彩及影调会有较大差别，所以需要用户在后期处理时对组照进行色调风格的统一修饰。

本章将介绍快速统一组照影调和色调的方法。

27 快速统一组照色调风格

27.1 整体优化组照效果

选中准备好的一组素材，可以看到照片之间色彩和影调都有较大差别，有些偏蓝色，有些偏黄色一些。整组照片显得比较松散，不够统一协调，但是照片的内容都比较相似，整体不错。

打开新的示例照片

全选胶片窗格列表中的所有照片，在“基本”面板中，单击“自动”按钮，由ACR软件自动优化组照的影调层次。

自动优化影调层次

在白平衡列表中，选择“自动”，使组照的整体色彩变得协调一些，避免因为色彩差别太大而造成的不统一、不协调的问题。

设置白平衡为“自动”

下面，手动调整影调参数。轻微提高对比度，丰富组照影调；降低高光，避免高亮部分产生高光溢出；提亮阴影，追回暗部层次。

手动调整影调参数

处理这组照片时，可以根据实际状态，制作一种比较柔和的画面效果，因此稍稍降低清晰度，降低清晰度后饱和度会变高，因此还要降低一些饱和度。

降低清晰度和饱和度

切换到“效果”面板，稍稍降低去除薄雾的参数值，使画面更朦胧、柔和。

降低去除薄雾的参数值

回到“基本”面板，提高色温值，降低色调值，使照片变得偏黄色、绿色，呈现出一种复古、怀旧的色调。调整色彩后，可以适当微调照片影调层次。

调整色彩，优化照片影调层次与细节

照片的构图形式也要相似一些，因此依然保持照片的全选状态，选择裁剪工具。在画面上单击鼠标右键，在弹出的菜单中选择 9:16，锁定长宽比。拖动裁剪框，得到一组都是 16:9 的照片。

裁剪画面

27.2 分别调整不同照片

因为每张照片原有的构图是不同的，所以要分别单击各张照片，根据具体照片的实际情况，移动裁剪框的位置，适当放大或缩小构图范围。于是，这组照片的构图方式就统一了。

对第 2 张照片进行二次构图

对第 3 张照片进行二次构图

对第 4 张照片进行二次构图

观察胶片窗格中的缩略图，可以看到组照的色调还是有很大差别的，特别是第 2 张照片和第 3 张照片的色彩与另外两张照片的色彩效果（即目标色彩效果）不同。分别选择第 2 张、第 3 张照片，对色彩进行调整。

选中第 2 张照片，提高色温值和色调值，使照片的冷色调变弱，色彩风格更趋向组照的暖色调。

调整色彩效果

选中第 3 张照片，同样提高色温值和色调值，以得到比较协调的色彩效果。

调整色彩效果

下面，分别单击每一张照片，对不同照片的影调和色调进行微调，力求使所有照片的影调和色调都更加协调。

27.3 照片存储设定及操作

组照风格协调好之后，再次全选胶片窗格中的所有照片。单击底部的“存储图像”按钮，弹出“存储选项”对话框，设置想要存储的选项就可以了。

全选照片，进行存储

另外，直接单击“完成”按钮，同样可以完成照片的存储。这样，前面所做的处理会被存储在一个 .XMP 格式的文件当中，这个文件非常小，几乎可以忽略不计。只要不删除这个 .XMP 文件，那么所做的组照统一处理就会被一直保存下来。

27.4 本章总结

本章通过对一组照片的多次调整，可以看到，照片的构图比例、影调风格变得一致，虽然各照片的色温值不同，但所呈现出来的色调是一致的，因此组照的风格才能更加统一、协调。

在 ACR 中，能够将多张照片同时载入胶片窗格，随时切换照片进行查看和调整，这是非常方便的。无论使用自动还是手动调方式对影调层次和色彩进行调整，用户都能够随时观察效果。

范围遮罩是在 Photoshop CC 2018 中新增的一项功能，其使用平台主要是 ACR。本章将借助多个案例，深入介绍范围遮罩功能的使用技巧和思路。帮助用户对 RAW 格式文件进行高品质的影调与色彩优化。

28 Photoshop CC 2018 强大的新增功能——范围遮罩

28.1 案例 1：海边

原图

效果图

在 ACR 中打开准备好的示例照片，可以看到当前使用的 ACR 版本是 10.0。分析照片可以知道，天空过于苍白。

打开示例照片

解决这种问题，在拍摄时可以在镜头前加装渐变滤镜。而后期中，则要通过“渐变滤镜”来实现。

选择“渐变滤镜”，设定降低色温值，并降低曝光值、高光值和白色，在天空部分由上向下制作“渐变滤镜”。

制作“渐变滤镜”

此时会产生新的问题，即地面有些凹凸不平的岩石表面也被“渐变滤镜”染上颜色，并且变暗了，这显然是不正确的。

早期的 ACR 版本中，这个问题是很难解决的，但在新版本的 ACR 中，就可以使用新增加的范围遮罩功能，消除地面岩石上被过多影响了的部分。

在使用“渐变滤镜”“径向渐变”及“调整画笔”工具时，在参数面板底部，都可以看到“范围遮罩”选项。该功能的原理是根据不同景物间的明暗或色彩差别，对不同景物分别进行调整。比如，利用“渐变滤镜”制作了大范围渐变，那么利用范围遮罩可以将其中某些亮度的景物单独恢复出来，使其不受范围遮罩的影响。因此在本例中，就可以使“渐变滤镜”只影响天空部分，而不调整岩石部分——因为天空与岩石的亮度是有很大差别的，利用范围遮罩可以做到有选择的区分对待。

单击“渐变滤镜”标记将其激活，可以看到参数面板底部的“范围遮罩”下拉列表处于可选状态，其中有“无”“颜色”“明亮度”3 个选项。默认是“无”，即该功能不起作用。

查看范围遮罩的选项

本例中，天空与岩石之间差别最大的是亮度，因此这里要选择明亮度。选择之后，下面有两个参数，一是亮度范围，二是平滑度。

亮度范围用于定位“渐变滤镜”要调整的区域：向右拖动暗部滑块，两个滑块之间的亮度区域就是“渐变滤镜”影响的区域；而岩石比较暗，其亮度处于滑块之外，表示“渐变滤镜”不会影响到。于是就可以将岩石区域排除在“渐变滤镜”之外，将岩石的亮度恢复出来。（这一段内容非常重要，需要认真阅读。）

利用范围遮罩的明亮度排除变暗的地面景物

平滑度的功能类似于羽化，可以使调整区域与非调整区域的过渡变得平滑、自然起来。

调整“平滑度”，让修改了的部分与未修改的部分过渡得更自然

无论是亮度范围还是平滑度的调整，按住 Alt 键并拖动滑块，可以看到调整区域与非调整区域的不同。

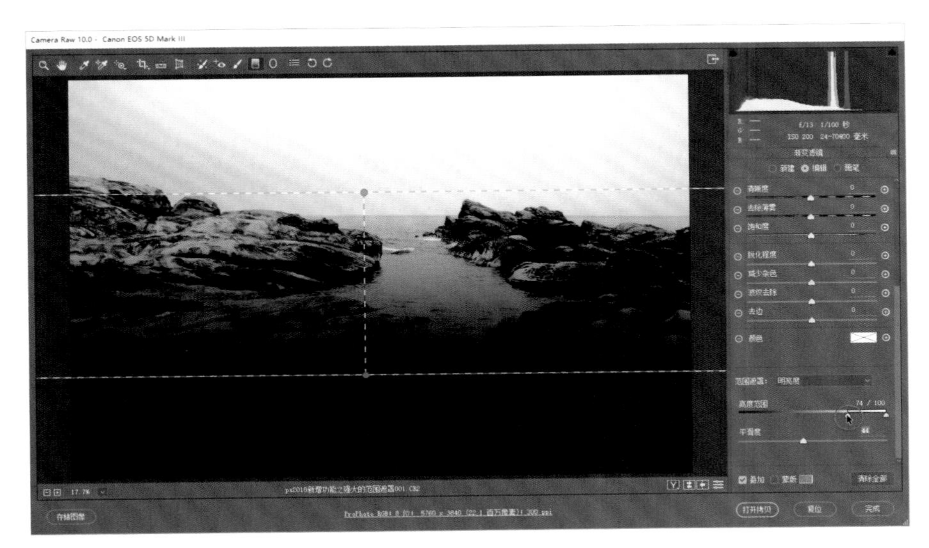

按住 Alt 键查看不同区域

范围控制到位后，依然可以在上方调整其他参数，改变“渐变滤镜”调整的效果。

再次优化“渐变滤镜”的调整幅度

画面中间，有一片水域处于调整范围之外解决方法为：在参数面板上方选择“画笔”，模式设定为“添加”，随时改变画笔直径大小，对这片水面进行涂抹，使这片水面也变暗。同样，在使用画笔的状态下，仍然可以使用范围遮罩功能。

整个过程的原理是使用画笔将渐变之外的区域添加到渐变调整区域之内。

利用画笔将局部区域添加进来

28.2 案例 2：远方

原图

效果图

打开新的示例照片，可以看到灰白的天空使画面变得非常刺眼，但天空部分是不规则的，如果按照传统办法，在 ACR 中几乎无法将其压暗下来并渲染上色彩。即便使用“调整画笔”工具等进行涂抹，树木部分也会受到干扰，变得极不自然。

打开新的示例照片

借助新版 ACR 中的范围遮罩，则可以很好地解决问题，从而得到更为漂亮的画面效果。

首先制作一个“渐变滤镜”，将明暗、反差及色彩等都达到一个比较理想的程度，此时可以看到，天空效果变好，但左下方的天空及水面仍然过亮。

制作“渐变滤镜”

在参数面板中单击“画笔”单选按钮，模式设定为“添加”，然后用画笔在左下方的天空及水面涂抹，使这两部分的明暗及色彩得到改善。

利用画笔的添加功能将水面添加进来

观察照片，可以看到，虽然“渐变滤镜”的使用使高亮部分得到改善，但树木部分也变得非常暗，极不自然。

可以使用范围遮罩功能解决问题。先单击“渐变滤镜”标记将其激活，然后在参数面板底部，在“范围遮罩”下拉列表中选择“明亮度”。

选择遮罩范围的模式为明亮度

根据树木部分的大致亮度，向右拖动暗部滑块，将树木亮度的区域基本上排除在亮度范围（亮度范围灰度条上的两个滑块中间部分）之外。于是就可以将树木部分排除在“渐变滤镜”范围之外，画面亮度得到恢复，画面效果变得更加自然了。

排除对树木部分的干扰

当然，要想使画面效果更理想，还需要拖动象征羽化的“平滑度”滑块，使过渡更加自然。

于是，实现了使天空及水面变暗，而树木及其他地面景物不会受到影响，完美地实现了调整目的。

提高平滑度值使调整效果变得更自然

28.3 案例 3：人物肖像

原图

效果图

对照片大片的局部区域进行调整，使用“渐变滤镜”或“径向渐变”比较方便，而对于一些面积非常小的局部区域，通常使用“调整画笔”工具会更方便一些。打开新的示例照片，要解决几个问题：其一，要提亮人物眼部；其二，要压暗人物面部一些过亮的涂抹物，还要压暗亮度过高的花瓣。

打开新的示例照片

新建一个“调整画笔”工具，参数设定为提高曝光、对比度、高光和白色，然后在人物眼睛部位涂抹。

可以看到人物的眼睛部分变亮，但随之产生了新问题，即人物的眼眉部分及周边其他一些区域也变白了，亮度过高。

利用“调整画笔”工具提亮人物眼部

这时可以在底部的“范围遮罩”下拉列表中选择“明亮度”，因为眼睛周边受到干扰的部分是亮部，所以要在明亮度范围参数中向左拖动白色滑块，将原有亮部排除在画笔调整范围之外。

再轻微提高平滑度值，对调整效果进行羽化，使效果更为自然。

可以看到，调整前后的变化还是很大的。

避免将高光部分也提亮

再次创建一个“调整画笔”工具，降低高光和白色，轻微降低曝光值，对高亮的花瓣及人物面部特别高亮的部分进行涂抹，使这些部分的亮度降下来，使整个主体部分的亮度协调起来。

新建“调整画笔”工具将高光部分压暗

激活第2次创建的画笔工具，在参数面板底部的“范围遮罩”下拉列表中选择“明亮度”，并向右拖动“亮度范围”的滑块，从而将人物面部一些变暗的肤色部分排除在画笔调整范围之外。

拖动“平滑度”滑块，使调整效果变得自然起来。

调整“亮度范围”的参数值，将人物皮肤变暗的部分还原出来；提高“平滑度”的参数值，使调整效果变得更自然

第3次创建一个“调整画笔”工具，设定降低曝光等参数，对背景部分进行涂抹，使背景完全变黑，这样有利于突出主体人物。

至此，照片调整完毕。

新建“调整画笔”工具，将背景涂黑

28.4 案例4：春天来了

原图

效果图

打开新的示例照片。这张照片比较有意境，但是照片的色彩感很弱。

打开示例照片

首先切换到"HSL/灰度"面板，勾选"转换为灰度"复选项，将照片转为黑白效果，然后调整底部的各种不同色彩通道，使画面的影调变得更明显、丰富。

将照片转为黑白效果

回到"基本"面板，对影调层次进行优化。将照片调整为一种高调的黑白效果。

对照片影调层次和细节进行优化

现在的目的是要使画面更加的柔和、唯美、梦幻。

在工具栏中选择“调整画笔”工具，参数设定为降低去除薄雾的参数值和清晰度，提高白色，涂抹后可以雾化照片，使照片变得朦胧、模糊。

此时的问题是人物及马匹等重点景物也变得模糊了，这不是目标效果。

利用画笔对整个画面进行涂抹

在“范围遮罩”下拉列表中选择“明亮度”，然后向右拖动暗部，将人物和马匹从调整画笔的范围内排除；再向左拖动白色滑块，这样可以将背景模糊部分内的白色房屋部分排除，露出一定的轮廓。

从参数设置来看，其实只控制了中间调，于是使照片得到了很好的调整效果。

利用范围遮罩功能，排除高光和最暗的部分

小提示 *在“调整画笔”面板底部，取消勾选“叠加”复选项，可以取消显示调整画笔的标记，以避免影响用户对照片的观察。*

28.5 案例 5：驶向远方

原图

效果图

打开新的示例照片

前面的案例都是使用明亮度这个参数对范围遮罩进行调整。下面，将介绍利用颜色这个参数对范围遮罩进行界定的方法和技巧。

打开新的示例照片，如果要将天空部分变得更蓝，除了可以在 "HSL/ 灰度 " 面板中进行调整之外，其实还可以通过使用“调整画笔”工具、“渐变滤镜”等工具来进行调整。

制作“渐变滤镜”

选择“渐变滤镜”，由照片上边缘向下拖动，制作一个“渐变滤镜”，用于压暗并调整天空色彩。因此参数设定为降低色温值，增加饱和度，可以使天空变得更蓝，然后根据实际情况调整其他参数。

此时可以看到白云和地面也变蓝了，这并不是正确的。在“范围遮罩”下拉列表中选择“颜色”，可以看到在下拉列表后有一个吸管工具，将鼠标指针放在该吸管工具上会出现提示“按住 Shift 键可以添加示例”。

在蓝天位置上单击，可以看到“渐变滤镜”区域内的天空部分发生了极大变化。

确保只对天空的蓝色部分进行调整

这个吸管工具的功能是限定“渐变滤镜”调整只影响吸管所指向的颜色，本例中吸管指向了蓝色天空，也就是使“渐变滤镜”调整只针对蓝色天空部分，而不影响白云及地面部分等其他色彩的部分。

一般来说，一支吸管往往不够，可以按住 Shift 键，在不同的蓝色天空位置进行单击，将更多的蓝色天空部分纳入进调整范围，使调整部分的颜色更加平滑。

制作多个吸管标记，使处理效果更准确

范围遮罩的颜色功能，最多只能添加 5 个吸管。

在建立好 5 个吸管后，可以拖动下面的“色彩范围”滑块，使调整的效果更加自然。色彩范围的功能，类似于明亮度中的平滑度调整，其功能也是起到羽化的作用。

提高色彩范围的参数值，使效果更自然

28.6 案例 6：孤树与光影

原图

效果图

打开新的示例照片

打开新的示例照片，可以看到天空的蓝色不足。

由上向下制作一个“渐变滤镜”，使天空变蓝。此时的问题很明显——树木也会被变蓝。

制作“渐变滤镜”

此时，可以在范围遮罩中，利用颜色吸管对蓝色天空进行定位，使“渐变滤镜”的范围只影响天空部分，而将树木部分排除。

在此介绍另外一种方法：即在“范围遮罩”下拉列表中选择“颜色”之后，只要按住鼠标左键，在天空部分拖动出矩形区域即可。矩形区域内的色彩范围，就是“渐变滤镜”调整的目标范围，这种方法也非常快捷。

定位蓝色天空部分

按住Shift键，可以添加矩形选区。要注意的是，鼠标光标带小矩形标识的，表示使用的是矩形调整，不带该标识的则是一般吸管。

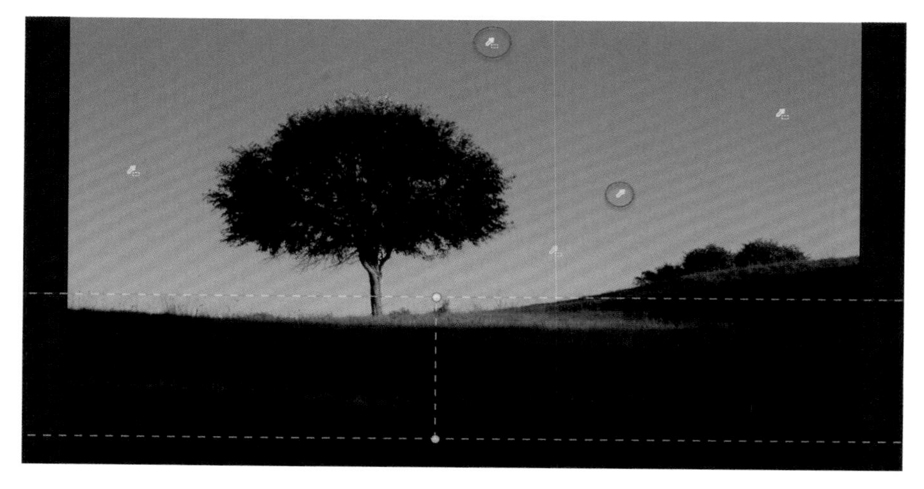

查看不同的定位方式

下面，对地面部分进行调整。首先选择“调整画笔”工具，参数设定为提高曝光值，稍稍提高色温值，提高饱和度值，使地面光照感变得强一些，然后提高一点儿清晰度强化细节，再加一点儿白色强调光线，在地面上涂抹。

涂抹的区域主要是地面原本就有光照的部分。

对地面光照部分进行提亮

涂抹完毕后，在参数面板底部的“范围遮罩”下拉列表中选择“明亮度”，然后向右拖动黑色滑块，避免暗部过亮，然后再向左拖动白色滑块，避免原有亮部变得太亮。于是可以得到一种更加自然的光效。

提高平滑度的参数值，使调整效果变得更加平滑、自然。

利用范围遮罩功能使光照效果变得自然

28.7 本章总结

在本章的多个案例中，利用“渐变滤镜”和“调整画笔”工具进行了较大幅度的调整。而在范围遮罩中，使用了明亮度和颜色这两种定位方式。由此可见，实际的照片处理中，大家要学会对多种技术手段进行组合使用，才能获得更好的照片效果。

本章将介绍怎样在 Photoshop 与 ACR 之间快速切换，实现更好的修片。虽然 ACR 具备了强大的修片功能，但仍然不具备 Photoshop 的图层、蒙版等功能，不能实现一些特定的效果。例如，ACR 中不能进行抠图，不能制作精确的选区，还不能实现一些精确的、细微的控制，所以需要在 ACR 与 Photoshop 之间来回切换，两者配合使用，才能够制作出更好的修片效果。

29 ACR 与 Photoshop 协同工作

29.1 ACR 中的调整与操作

后期处理中，需要将Photoshop 与 ACR 灵活组合、合理运用，才能将照片修出更完美的效果，将照片的某些细节更完整地呈现出来，将氛围渲染得更加浓郁。

首先打开本案例这张照片。

打开新的示例照片

在“基本”面板中，降低高光，提亮阴影，适当增加对比度，提亮暗部，优化照片的影调层次，并使人物的面部等呈现出来。提高清晰度值，可以将细节轮廓呈现出来。

优化影调层次与细节

优化照片色彩

适当提高饱和度，降低一些色温，使画面的整体基调更漂亮。

现在分析照片，笔者想制作的效果为：画面整体色调是冷暖对比的，远处的雪山是被金光照射的。但在 ACR 中，很难实现这样的效果，即便使用画笔工具，也无法精确地只对雪山进行色彩的渲染。

29.2 进入 Photoshop 并进行处理

进入 Photoshop 进行更精致的修改。单击“打开对象”按钮，进入 Photoshop。

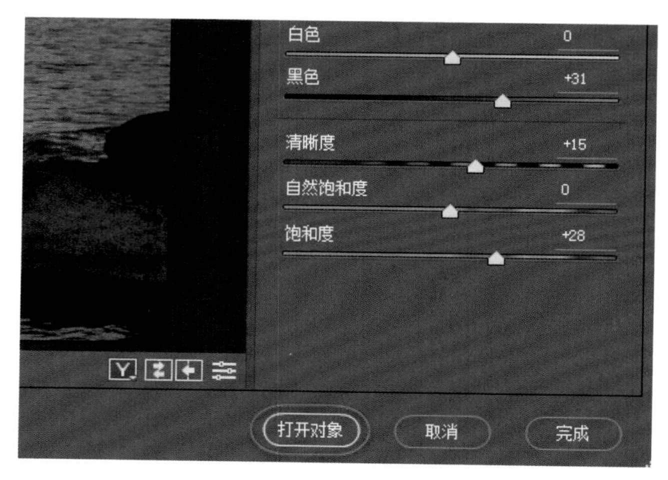

单击“打开对象”按钮

单击 Photoshop 主界面“图层”面板底部左侧的第 4 个图标按钮，在展开的列表中选择“曲线…”，创建一个曲线调整图层。

创建曲线调整图层

在打开的面板中，单击“蒙版”图标，切换到蒙版界面。在其中单击“颜色范围”按钮，会弹出“色彩范围”对话框。

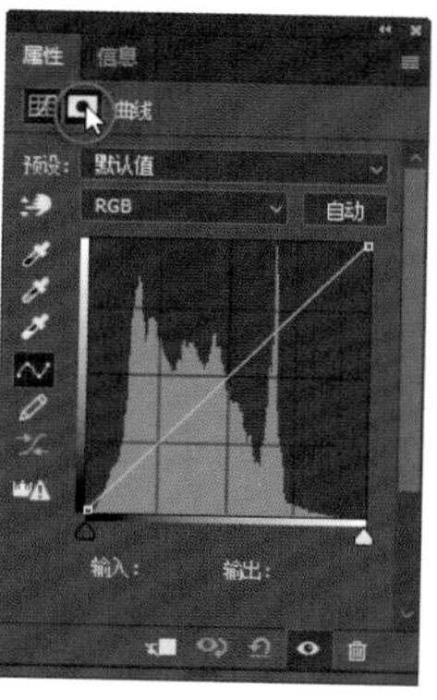

单击“蒙版”图标

单击“颜色范围”按钮

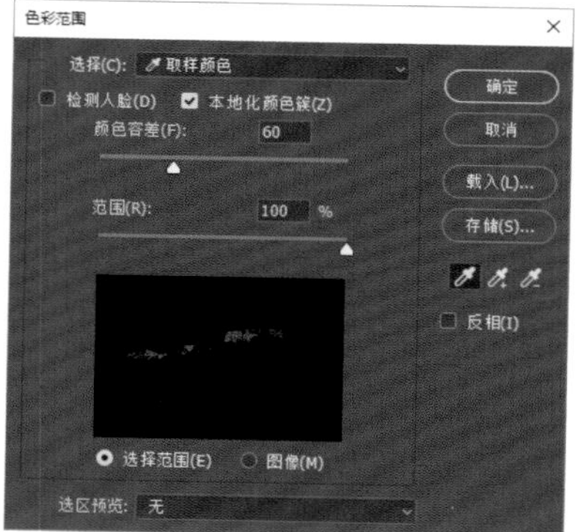

“色彩范围”对话框

单击雪山的比较亮的部位进行定位，然后通过拖动色彩的范围值，可以确保只有雪山部分为亮部，而其他大部分为黑色，表示调整的目标便是雪山部分。然后单击“确定”按钮返回。

利用色彩范围选定雪山部分

此时，在“图层”面板中可以看到，蒙版图标的外观也发生了变化。

利用蒙版选定雪山部分

对选定部分进行色彩调整，首先调整蓝色曲线

双击“图层”面板中的“曲线”图标，回到“曲线”面板。选择“蓝”通道，降低蓝色的高光部分，在“蓝色”通道曲线的中间添加锚点，然后选中锚点并将曲线稍稍向下拖动，这样制作出来的照片色彩更自然一些。降低蓝色相当于增加黄色，此时可以看到雪山被渲染上了黄色。

切换到“红”通道，在“红”通道曲线的上半部分添加锚点，然后选中锚点并将曲线向上拖动，增加红色。

调整“红色”曲线

选择“绿”通道，在“绿”通道曲线的中间添加锚点，然后选中锚点并将曲线稍稍向下拖动，向下拖动曲线可以增加洋红。此时可以看到，照片中只有雪山部分被渲染上了暖色调，仿佛是暖色调的太阳光线直射一样。

实际上，在ACR中是无法制作出如此自然、精确的选区的。所以说，学习后期不单要学习ACR，还要掌握很多的Photoshop控制技巧。

调整“绿色”曲线

用鼠标右键单击背景图层的空白处，在弹出的菜单中选择“拼合图像”，将图层合并。

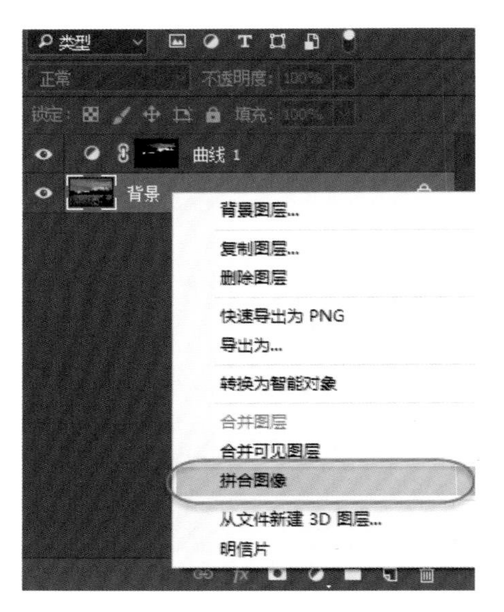

拼合图像

29.3 从 Photoshop 回到 ACR

在“滤镜”菜单中选择“Camera Raw 滤镜”，再次进入 ACR 界面。之所以还要进入 ACR 进行优化，是因为对于照片的影调、色彩、细节等的调整，在 ACR 中都集成了在一起，调整时更为方便。如果是 Photoshop 中，这些功能相对分散，操作起来更麻烦一些。所以，如果能够在 ACR 中解决的问题，就尽量在 ACR 中解决；除非是解决不了的问题，再切换到 Photoshop 中，这是正确的修片思路。

选择“Camera Raw 滤镜”

继续在“基本”面板中，对影调和细节进行优化。提高对比度，降低高光，提亮阴影。稍稍提高色温值。

切换到“HSL/ 灰度”面板，切换到“饱和度”选项卡。选择“目标调整工具”，在天空部分向左拖动。适当降低天空部分的蓝色——当前的蓝色饱和度实在太高了。

优化照片影调层次与色彩

29.4 在 Photoshop 与 ACR 之间切换

如果还要对照片中的一些局部进行修改，除了使用“调整画笔”工具外，还可以在底部单击“确定”按钮，再次进入 Photoshop 进行处理。

调整蓝色饱和度后再次进入 Photoshop

在 Photoshop 中打开照片

29.5 本章总结

无论 ACR 功能多么强大，相比 Photoshop 软件来说，还是有些缺点的。比如，ACR 没有精确的选区功能，没有图层和真正的蒙版调整功能。从这个角度来说，处理要求较高的照片时，在 ACR 中初步调整之后，可能还要载入 Photoshop 进行精修。本章通过多个案例详细介绍了在 ACR 与 Photoshop 之间快速切换修片的思路和技巧。